HE LI LAOSHI YIQI XUE HONGBEI

和黎老师一起学烘焙

黎国雄◎著

湖南科学技术出版社

图书在版编目（C I P）数据

和黎老师一起学烘焙 / 黎国雄著. -- 长沙 : 湖南科学技术出版社, 2017.4
ISBN 978-7-5357-9137-5

Ⅰ. ①和… Ⅱ. ①黎… Ⅲ. ①烘焙—糕点加工 Ⅳ.①TS213.2

中国版本图书馆CIP数据核字(2016)第270402号

和黎老师一起学烘焙

著　　者：黎国雄
责任编辑：李文瑶　杨　旻
策　　划：深圳市金版文化发展股份有限公司
摄影摄像：深圳市金版文化发展股份有限公司
封面设计：深圳市金版文化发展股份有限公司
出版发行：湖南科学技术出版社
社　　址：长沙市湘雅路276号
　　　　　http://www.hnstp.com
湖南科学技术出版社天猫旗舰店网址：
　　　　　http://hnkjcbs.tmall.com
邮购联系：本社直销科 0731-84375808
印　　刷：深圳市雅佳图印刷有限公司
　　　　　（印装质量问题请直接与本厂联系）
厂　　址：深圳市龙岗区坂田大发路29号C栋1楼
邮　　编：518000
版　　次：2017年4月第1版第1次
开　　本：710mm×1000mm 1/16
印　　张：12
书　　号：ISBN 978-7-5357-9137-5
定　　价：45.00元

前言

自己动手，做个烘焙达人

每一段时光，都有着它的价值；每一个梦想，都有着它的光亮。无论时光有多长，无论光亮有多久，它们都默默地伴随我们成长，温暖我们的心房。

如同一颗埋种在泥土中的种子，不管它多么细小，只要经过阳光的呵护与雨水的灌溉，终究会有一天破土而出，长成一株漂亮得超乎你想象的花，或者一株高大得出乎你意料的树。

亲爱的读者，关于烘焙，你是不是也有自己的梦想，只是有些疑惑，不知找谁诉说，更不知问谁解答。

你知道酝酿、选材、搅拌、发酵、烘焙、成熟、摆盘，这些近乎所有烘焙的流程，遗憾的只是不知道配方，不知道细节，没有信心，依旧做不出你想要的烘焙食品。

譬如这样的：我是新手。我想自己做烘焙，但是，不知如何下手，烘焙是不是很难学?

这样的：自己学烘焙，但是，听说很容易失败，要用什么比例，什么原料，耗时多久，才会成功?

这样的：我已有烘焙基础，会做简单的几种烘焙，但是，不会做市面上最受欢迎的家庭烘焙，怎么学?

还有这样的：我也会做一些市面上受欢迎的家庭烘焙，但是，我想做一些更专业的烘焙和行业内的爆品，却不知道何处下手。

有人说烘焙像魔法，不过，我却觉得烘焙更像能量的转换，将你无法吸收的能量转换成你可以吸收的能量。

其实，你的体内有超乎你想象的能量，只是无人指导，不会释放，难以转换。

想到亚麻籽瓦片脆、浓情布朗尼、德国圣诞面包、巴黎车轮泡芙、华夫饼……是不是有些蠢蠢欲动，只可惜不会做。

别急！对于烘焙，你并不缺少能力，只是缺少机遇，缺少高人指引，缺少一本烘焙秘籍。现在，你想要的秘籍，我已经帮你整理出来了，只等你拿回去练习。

拿回去试一试，按步骤来，你也行！

自己动手，做个烘焙达人！

目录

Part 1 烘焙教父的家庭烘焙

烘焙，让家庭充满欢声笑语

饼干：甜蜜的分享 002
抹茶曲奇 002
椰丝小饼 004
摩卡双色饼干 006
罗曼咖啡曲奇 008
亚麻籽瓦片脆 010
姜饼 012

蛋糕：未泯的童心 014
极简黑森林蛋糕 014
蓝莓宝贝 016
浓情布朗尼 018
奶油麦芬 020
熔岩蛋糕 022

面包：温暖的灵魂 024
全麦吐司 024
巧克力面包 026
史多伦面包 028
墨西哥面包 030
丑怪小石头 032
蒜香面包 034

小西点：缤纷的想象 036
乳酪蛋挞 036
草莓乳酪派 038
椰奶布丁 040
清甜双果派 042
香甜樱桃挞 044
千层酥饼 046
奶油芝士球 048

目录

Part 2 烘焙教父的进阶烘焙

烘焙，再进一步

完美的蛋糕 052

蓝莓芝士 052

芒果夏洛特 054

草莓慕斯 056

树莓慕斯 058

巧克力慕斯 060

优格慕斯 062

抹茶慕斯 063

焦糖慕斯 064

柠檬重油蛋糕 066

香橙重油蛋糕 068

巅峰的面包 070

沙兰乳酪面包 070

红酒桂圆欧包 072

芝欣芒果 073

丹麦面包 074

玲珑桥 076

富士山 078

司康饼 080

虎皮面包 082

奇巧的小西点 084

咖啡雪球 084

核桃派 086

提子奶酥 088

起司方块 089

抹茶派 090

目录

甜心巧克力 092

苦瓜派 094

蓝莓派 096

千丝水果派 098

葡式蛋挞 100

柠檬挞 102

Part 3 烘焙教父的流行烘焙

烘焙，紧跟潮流步伐

香脆饼干好味道 106

巧克力核桃曲奇 106

蔓越莓酥条 108

白巧克力曲奇 110

玛格丽特饼干 111

坚果巧克力能量块 112

意大利杏仁脆饼 114

巧克力脆棒 116

原味马卡龙 118

海绵小西饼 120

柔情蜜意的蛋糕 122

香醇巧克力蛋糕 122

戚风蛋糕 124

肉松戚风蛋糕 126

奶茶小蛋糕 128

提拉米苏 130

瑞士水果卷 132

轻乳酪蛋糕 134

抹茶蜜语 136

目录

充满暖意的面包 138
黑芝麻小吐司 138
高级奶香吐司 140
蔓越莓司康 142
豆沙卷面包 144
苹果面包 146
蜜豆面包 147
朗姆葡萄干面包 148
咖啡奶香面包 150
椰蓉花形面包 152
简易燕麦小餐包 154
肉松面包卷 156

妙趣西点真滋味 158
咖啡乳酪泡芙 158
奶油泡芙 160
焦糖布丁 162
果酱千层酥 164
巧克力法式馅饼 165
咖啡乳酪泡芙 166
绿茶酥 168

Part 4 烘焙教父带你入门

认识烘焙，打好基础
烘焙基本工具 172
成功烘焙必备的材料 176
成功烘焙必备的技巧 179
基础面团的制作 181
丹麦面团的制作 182
蛋糕坯的制作 183
后记 184

Part 1

Home Baking

烘焙教父的家庭烘焙

烘焙，让家庭充满欢声笑语

现在，越来越多的人想要去认识、了解烘焙，

也有很多的人为此去学习烘焙。

其实，只要有心去学，你会发现烘焙真的并没有想象中的难。

只需要在家里备上一台烤箱，购置好原料，

大家也能亲手做出那些精致可口的蛋糕点心。

抹茶曲奇

烤箱中层，上火 170℃，下火 150℃　20 分钟　2 人份

工具

烘焙纸
烤箱
长柄刮板
电动搅拌器
裱花袋
玻璃碗

原料

低筋面粉 200 克
黄油 145 克
细砂糖 30 克
糖粉 70 克
鸡蛋 50 克
牛奶 50 毫升
抹茶粉 8 克
盐适量

制作过程：

1 把黄油和糖粉倒入玻璃碗中，用电动搅拌器不断搅拌，将黄油打发至体积膨胀、颜色稍微变浅的状态。

2 将鸡蛋打入碗中，把蛋清和蛋黄搅拌均匀；分 2~3 次加入鸡蛋液，并且搅拌均匀。

3 加入牛奶搅拌均匀，再倒入盐搅拌。

4 把低筋面粉、抹茶粉和细砂糖拌匀后倒入黄油糊中继续进行搅拌。

5 曲奇面糊做好后，用长柄刮板将面糊装入裱花袋，再将曲奇面糊挤在垫好烘焙纸的烤盘上。

6 将烤盘放入预热好的烤箱中，烤制约 20 分钟，表面呈现焦脆颜色即可出炉。

因为家用烤箱本身受热不均匀，烤盘还具有隔热效果，如果同时烤两盘饼干会导致上下烤盘里的饼干无法达到正确的烤焙温度，影响成品品质。

椰丝小饼

酥脆的饼干，
融入香浓的椰丝，
无论是口感还是味道，都很适宜。

烤箱中层，上火 180℃，下火 130℃　10~15 分钟　2 人份

工具

烘焙纸
烤箱
长柄刮板
裱花袋
裱花嘴

原料

低筋面粉 50 克
黄油 90 克
鸡蛋液 30 毫升
糖粉 50 克
椰丝末 80 克

1 烤箱通电后，将上火温度调至180℃，下火温度调至130℃进行预热。

2 将黄油倒在案台上，倒入糖粉用长柄刮板充分和匀。

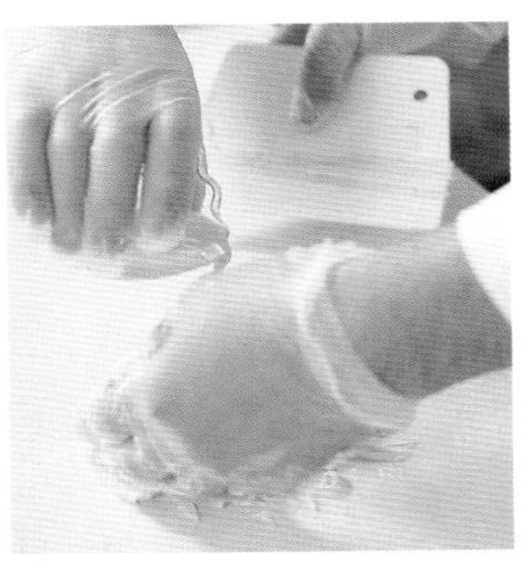

3 倒入鸡蛋液、低筋面粉、椰丝末，然后用刮板充分搅拌和匀。

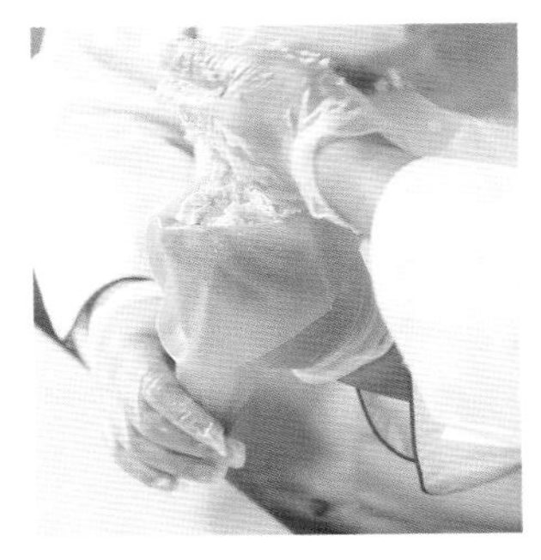

4 将和好的面糊装入裱花袋中。

5 将面糊以画圈的方式挤成若干的生坯，置于铺好烘焙纸的烤盘上。

6 将烤盘放入烤箱中，烤10~15分钟至饼干表面呈金黄色。

7 打开烤箱，将烤盘取出，将烤好的食材摆放在盘中即可。

黎老师，烤好的饼干放置一段时间后，口感变软了怎么办？

烤好的饼干应该要及时地放在密闭的盒子中保存。如果饼干受潮，再烘烤几分钟，去除水分就可以了。

摩卡双色饼干

烤箱中层，上火 180℃，下火 150℃　20 分钟　4 人份

工具

刀
烘焙纸
刮板
玻璃碗
烤箱

原料

原味面团：
低筋面粉 110 克
高筋面粉 100 克
黄油 100 克
鸡蛋 40 克
细砂糖 100 克

巧克力面团：
低筋面粉 110 克
高筋面粉 100 克
黄油 110 克
鸡蛋 40 克
细砂糖 100 克
可可粉 15 克
融化的巧克力 10 克

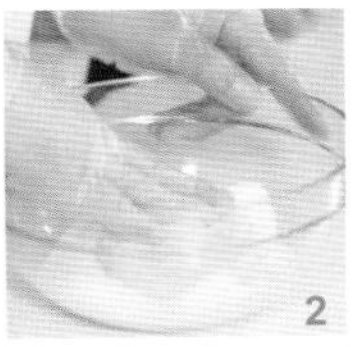

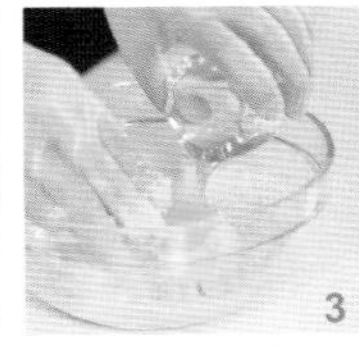

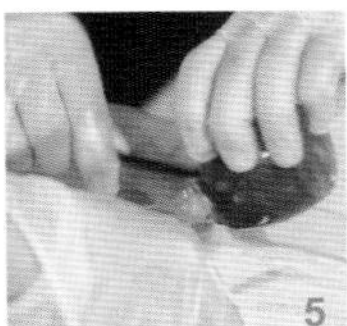

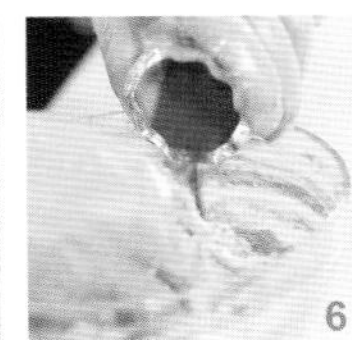

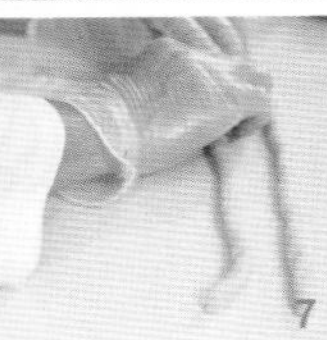

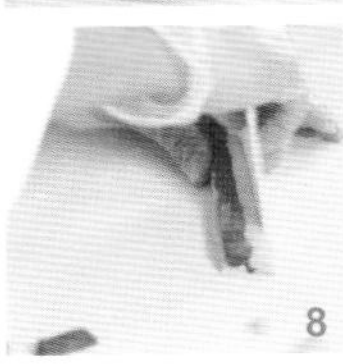

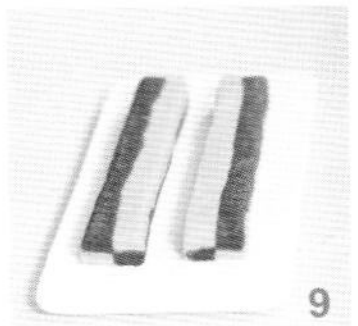

制作过程：

1. 烤箱通电后，将上火温度调至 180℃，下火温度调至 150℃进行预热。
2. 把黄油和细砂糖倒入备好的容器中，充分搅拌均匀。
3. 倒入鸡蛋搅拌，接着加入低筋面粉继续混合均匀。
4. 将烤盘放入预热好的烤箱中，大约烤制 25 分钟。
5. 备好碗，倒入剩下的黄油、细砂糖充分搅拌后，加入融化好的巧克力进行搅拌。
6. 倒入低筋面粉、高筋面粉充分拌匀，再加入可可粉充分拌匀成巧克力面糊待用。
7. 案台上撒适量面粉，取出原味面团、巧克力面团，分别搓成若干个长条形。
8. 将两种颜色的长条面团交错堆叠在一起，用刮板修整齐，做成长方体状。
9. 将其用刀切断，摆放在盘中，放入冰箱中冷冻 1 个小时，直到面饼变硬。
10. 取出冷冻好的材料，用刀将其切成厚度相当的面饼摆放在备好的烤盘中。
11. 将烤盘放进预热好的烤箱中，上下火保持不变，烘烤 20 分钟后取出摆盘即可。

黎老师，家里的低筋面粉用完了，可以直接用高筋面粉代替吗？

低筋面粉和高筋面粉的蛋白含量不同，其筋度也具有很大差别。如果家里没有低筋面粉，我们可以用高筋面粉和玉米淀粉按照 1 ： 1 的比例调配。

罗曼咖啡曲奇

带着淡淡咖啡香的曲奇，配上一壶热饮，足以让人醒神。

烤箱中层，上火 180℃，下火 150℃　20 分钟　3 人份

工具

玻璃碗
电动搅拌器
裱花袋
烤箱
长柄刮板

原料

黄油 115 克
糖粉 60 克
盐 2 克
牛奶 30 毫升
低筋面粉 125 克
高筋面粉 35 克
咖啡粉 10 克

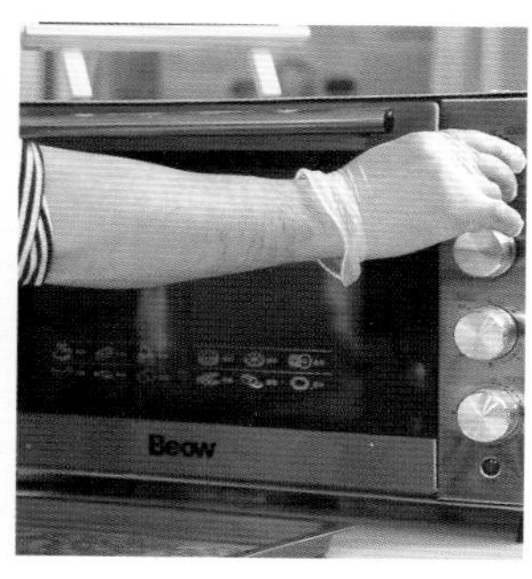

1 烤箱通电预热，上火为 180℃，下火为 150℃。

2 把黄油、糖粉和盐放入玻璃碗中搅拌至颜色变浅。

3 分两次加入牛奶并继续用电动搅拌器搅拌。

4 加入低筋面粉搅拌，接着加入高筋面粉，继续搅拌，最后倒入咖啡粉搅拌均匀。

5 将搅拌好的面糊用长柄刮板装入裱花袋中，然后均匀挤在烤盘上。

6 将烤盘放进预热好的烤箱中烘烤约 20 分钟。

7 曲奇烤好后取出装盘即可食用。

黎老师，是所有的咖啡粉都可以使用吗？

必须使用速溶纯咖啡粉，不能使用三合一咖啡粉，否则会导致材料比例不均，影响成品的口感。

亚麻籽瓦片脆

烤箱中层，上火 180℃，下火 150℃　15~20 分钟　3 人份

工具

烤箱
长柄刮板
搅拌器
裱花袋
玻璃碗
裱花嘴

原料

低筋面粉 25 克
黄油 10 克
糖粉 25 克
鸡蛋 50 克
亚麻籽 60 克
盐适量

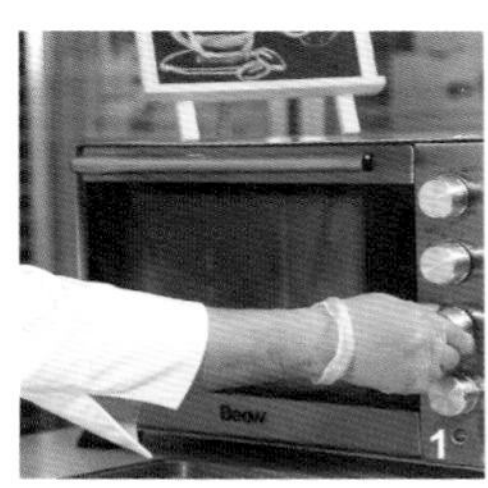

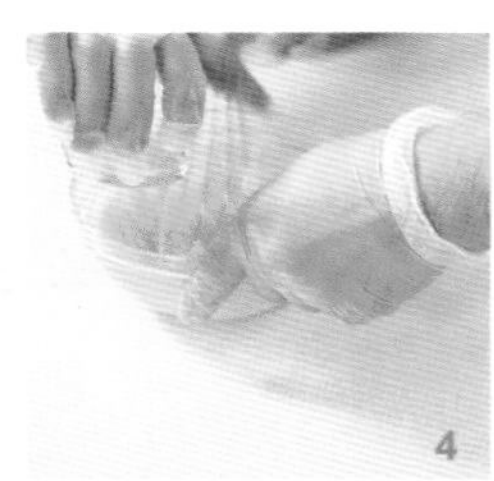

制作过程：

1 烤箱通电后，将上火温度调至 180℃，下火温度调至 150℃进行预热。

2 备好一个玻璃碗，将鸡蛋打入碗中，加入盐，用搅拌器把鸡蛋打散。

3 倒入糖粉，继续将材料搅拌均匀。

4 再倒入融化好的黄油，搅拌均匀。

5 加入亚麻籽和低筋面粉，一起搅拌均匀。

6 用长柄刮板把面糊装入裱花袋中，安装上裱花嘴。

7 将面糊挤在烤盘上。

8 把烤盘放入烤箱，烘烤 15~20 分钟，至饼干表面变成金黄色即可。

黎老师，为什么我按照步骤的时间烤制，成品却烤焦了？

烤箱的规格、类型各有不同，功率不一，我们要根据烤箱的功率把握好烘焙时间，烤箱功率较大的应该适当缩减烘焙时间。

姜饼

这款饼干造型多样有趣，大人小孩都很适合，表层上那层糖霜，更是画龙点睛之处。

烤箱中层，上火 180℃，下火 160℃　20 分钟　4 人份

工具
- 饼干模
- 长柄刮板
- 刮板
- 裱花袋
- 烤箱
- 玻璃碗
- 擀面杖

原料
- 黄油 50 克
- 低筋面粉 200 克
- 鸡蛋 40 克
- 细砂糖 50 克
- 肉桂粉 1 克
- 蜂蜜 30 克

装饰
- 糖粉 150 克
- 蛋清 30 克

1　烤箱通电后，上火调至 180℃，下火调至 160℃。

2　备好一个玻璃碗，倒入黄油、细砂糖，用手混匀。

3　鸡蛋液分 2 ~ 3 次加入，加入一次搅拌一次，进行多次搅拌。

4　倒入蜂蜜、肉桂粉，继续搅拌均匀。接着加入低筋面粉，将其充分揉搓成面团。

5　将面团压成饼状，再用刮板分切成几块，然后用擀面杖擀成薄厚均匀的面皮。

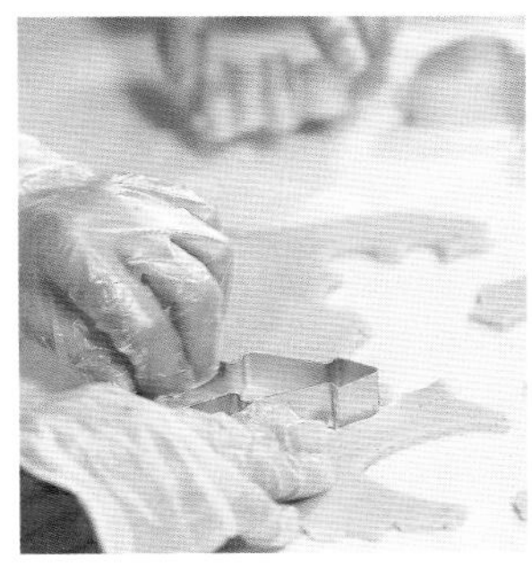

6　用模具为面皮塑形后摆放在烤盘中，再放进预热好的烤箱中，上、下火温度保持不变，烘烤 20 分钟。

7　备好一个玻璃碗，倒入糖粉、蛋清充分搅拌均匀，制成蛋白霜待用。

8　将蛋白霜倒入裱花袋中，挤在冷却好的姜饼上进行装饰即可。

黎老师，鸡蛋液一定要分多次放入搅拌吗？我可以一次性倒进去吗？

鸡蛋液分多次放入，有利于黄油和鸡蛋液的融合，这样才不会出现蛋油分离的现象。

极简黑森林蛋糕

烤箱中层，上火 180℃，下火 160℃ 25 分钟 2 人

工具

烤箱
电动搅拌器
搅拌器
方形模具
玻璃碗

原料

蛋黄 75 克
色拉油 80 毫升
低筋面粉 50 克
牛奶 80 毫升
可可粉 15 克
细砂糖 60 克
蛋白 180 克
塔塔粉 3 克
草莓适量

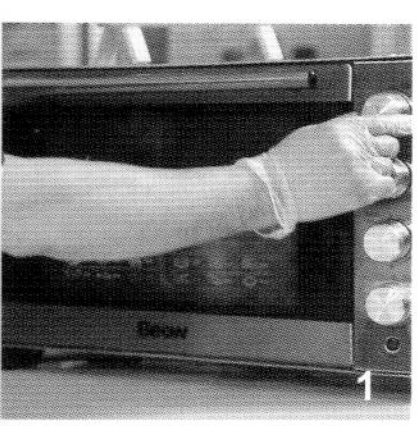
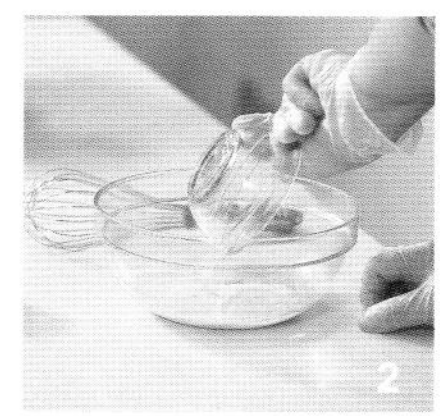
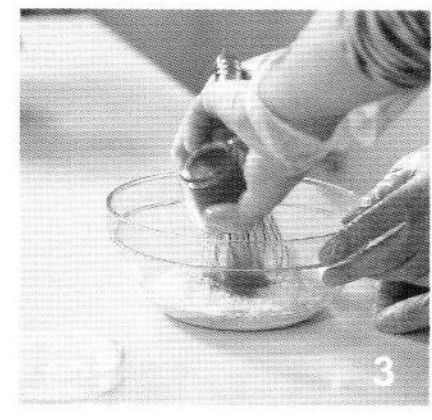

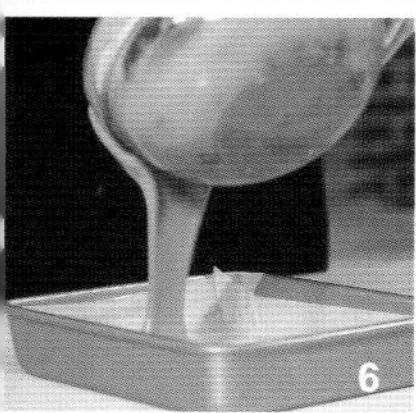

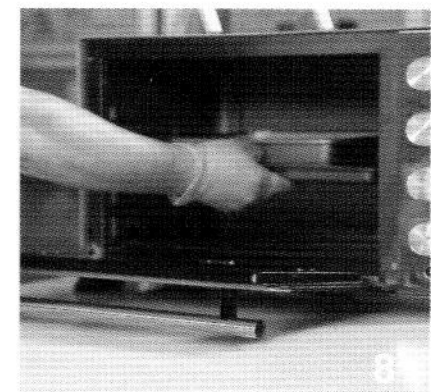

制作过程：

1 将烤箱通电，上火调至 180℃，下火调至 160℃，进行预热。

2 准备好一个玻璃碗，在碗中倒入牛奶和色拉油搅拌均匀。

3 倒入低筋面粉和可可粉用搅拌器继续搅拌，再倒入蛋黄继续搅拌。

4 另置一个玻璃碗，倒入蛋白，用电动搅拌器稍微打发，倒入细砂糖、塔塔粉，继续打发至竖尖状态为佳。

5 将打好的蛋白倒入面糊中，充分翻拌均匀。

6 把搅拌好的混合面糊倒入方形模具中。

7 将模具轻轻震荡，排出里面的气泡。

8 打开烤箱门，将烤盘放入烤箱中层，保持预热时候的温度，烘烤约 25 分钟。

9 烤好后，将其取出切好摆放在盘中，用草莓装饰即可。

黎老师，烤好后的蛋糕怎么总是出现难脱模的现象呢？

我建议，大家在烘焙前先用少许黄油将模具内壁和底部都抹匀，这样可以很好地避免蛋糕难以脱模的现象，还能完好地保持蛋糕的美观。

蓝莓宝贝

浓郁的果香，
与蛋糕糕体相撞，
色香味，无一遗漏。

烤箱中层，上火 180℃，下火 150℃　10 分钟　4 人份

工具

玻璃碗
电动搅拌器
裱花袋
长柄刮板
烤箱
蛋糕纸杯

原料

黄油 225 克
糖粉 135 克
鸡蛋 180 克
高筋面粉 120 克
低筋面粉 120 克
泡打粉 2 克
牛奶 30 毫升

馅料：

蓝莓果酱 15 克
红豆 30 克

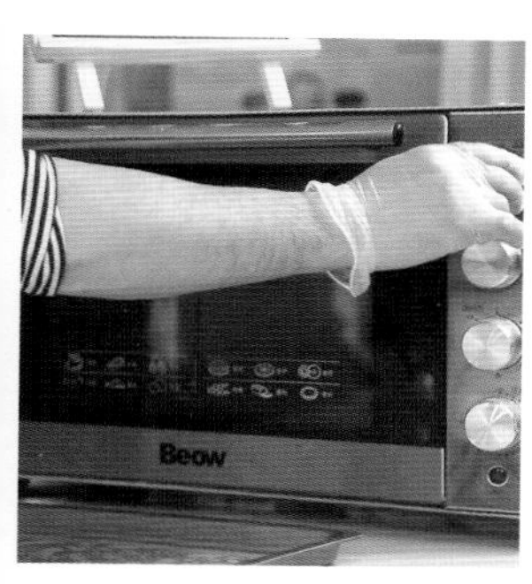

1 将烤箱调温度至上火180℃，下火150℃，进行预热。

2 将黄油和糖粉倒入玻璃碗中，用电动搅拌器搅拌均匀，再分多次加入鸡蛋液拌匀。

3 倒入牛奶、泡打粉和高、低筋面粉，搅拌成糊。

4 用长柄刮板将搅拌好的面糊装入裱花袋，挤入蛋糕纸杯中约八分满。

5 在面糊表层上加入蓝莓果酱和红豆。

6 将烤盘放入预热好的烤箱中，烘烤10分钟。

7 烤好后取出装盘即可。

黎老师，我可以把蛋糕纸杯倒满吗？这样比较节省烤箱的空间。

蛋糕烘烤的时候面糊会发胀，我们要在纸杯中预留一些空间，这样烤出来的蛋糕形状才完美。

浓情布朗尼

烤箱中层，上火 180℃，下火 150℃ 25 分钟 4 人份

工具

长柄刮板
蛋糕纸杯
电动搅拌器
裱花袋
玻璃碗
烤箱

原料

黄油 100 克
细砂糖 80 克
饴糖 30 克
盐 2 克
鸡蛋 110 克
黑巧克力 55 克
低筋面粉 50 克
可可粉 10 克
泡打粉 2 克
核桃碎 60 克

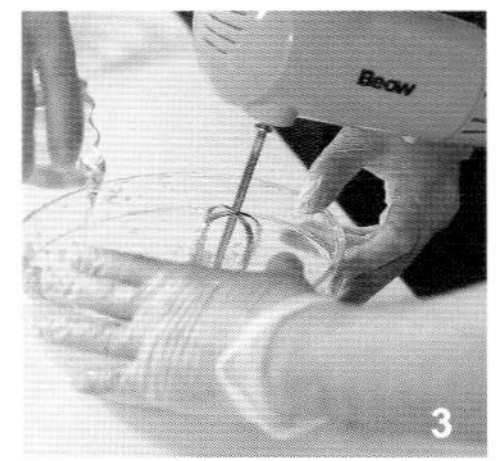

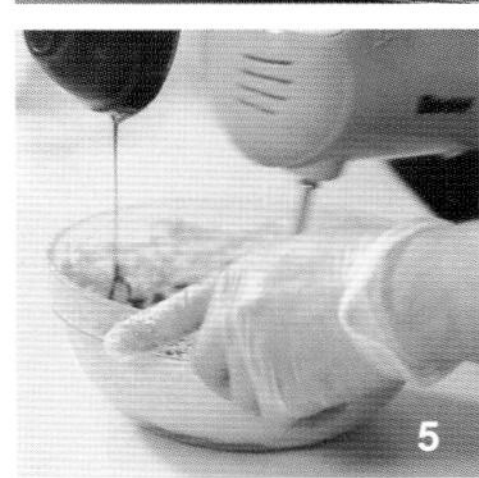

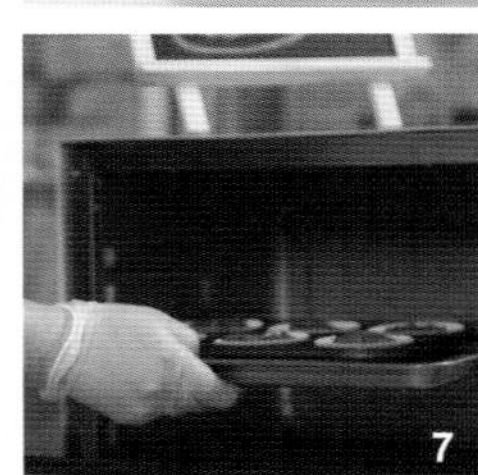

制作过程：

1 烤箱通电后，将上火温度调至 180℃，下火温度调至 150℃进行预热。

2 备好一个玻璃碗，将黄油、细砂糖、盐倒入其中，进行打发。

3 倒入饴糖，搅拌；再倒入低筋面粉、泡打粉、可可粉，用电动搅拌器充分拌匀。

4 鸡蛋分多次加入并搅拌均匀，每加入一次都要充分拌匀。

5 把溶化好的黑巧克力加入面糊中，拌匀，加入核桃碎进行搅拌。

6 用长柄刮板将制好的面糊放入裱花袋，再将面糊挤到蛋糕纸杯中约七分满。

7 把蛋糕放入预热好的烤箱中烘烤约25分钟。

8 将烤好的成品取出，摆放在盘中即可。

黎老师，什么是饴糖？

饴糖是以高粱、米、大麦、粟、玉米等发酵制成的糖类食品，成品为黄褐色黏稠液体。

奶油麦芬

不同于其他蛋糕的绵软，厚实的麦芬，尝上一口就彻底让人停不下来了。

烤箱中层，上火 190℃，下火 180℃　15~18 分钟　4 人份

工具

长柄刮板
面粉筛
电动搅拌器
裱花袋
玻璃碗
烤箱
纸杯

原料

低筋面粉 100 克
黄油 65 克
鸡蛋 60 克
细砂糖 80 克
动物性淡奶油 40 毫升
炼乳 10 克
泡打粉 1/2 小勺
盐适量

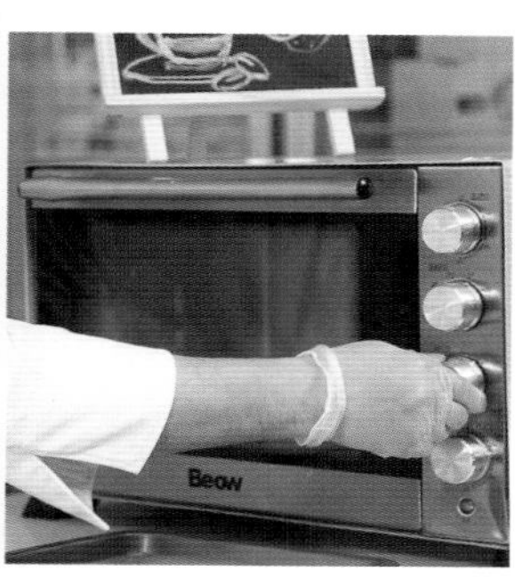

1 烤箱通电后，将黄油放入烤盘中，加热至溶化，并同步进行烤箱的预热。

2 把动物性淡奶油、盐、细砂糖和炼乳倒入玻璃碗中，用电动搅拌器搅打均匀。

3 再打入鸡蛋，用电动搅拌器打发，接着把溶化的黄油倒入碗中搅拌均匀。

4 将泡打粉倒入低筋面粉中充分拌匀。

5 将混合好的面粉倒入打发好的黄油中，用长柄刮板翻拌，直到材料完全混合均匀。

6 把面糊装入裱花袋中，再把面糊挤到置于烤盘上的纸杯中约八分满。

7 将纸杯放入预热好的烤箱中，烘烤15~18分钟，直到蛋糕完全膨胀，表面呈现金黄色。

8 烤好后把成品取出摆放在盘中即可食用。

黎老师，动物性淡奶油可以用植脂奶油代替吗？

动物性淡奶油是从牛奶中提炼出来的产物，植脂奶油是人造奶油，并且含有不健康的成分，不建议使用。

熔岩蛋糕

烤箱中层，上火 220℃，下火 180℃　7~8 分钟　2 人份

工具

玻璃碗
电动搅拌器
蛋糕模具
烘焙纸
烤箱

原料

蛋黄 12 个
全蛋 4 个
细砂糖 125 克
低筋面粉 120 克

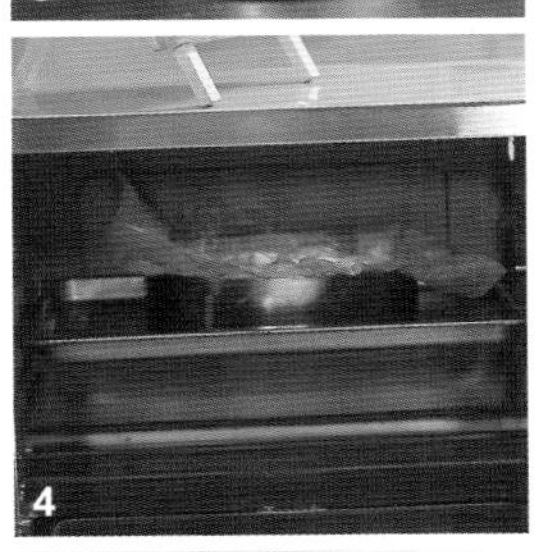

制作过程：

1. 预热烤箱：上火 220℃，下火 180℃。
2. 将全蛋、细砂糖、蛋黄倒入玻璃碗中，用电动搅拌器打发约 15 分钟。
3. 加入低筋面粉，翻拌均匀，把面糊倒入装有烘焙纸的蛋糕模具中。
4. 放进预热好的烤箱中烘烤 7~8 分钟。
5. 取出烤好的蛋糕装盘即可。

全蛋的打发，需要隔水进行，因为全蛋在温度为 40℃的时候是最容易打发的，但是要注意的是温度过高也不利于打发。

全麦吐司

烤箱中层，上火 150℃，下火 170℃　25 分钟　4 人份

工具

玻璃碗
刮板
吐司模具
擀面杖
烤箱
刷子

原料

高筋面粉 195 克
全麦面粉 100 克
酵母 4 克
水 210 毫升
盐 3 克
细砂糖 25 克
黄油 25 克

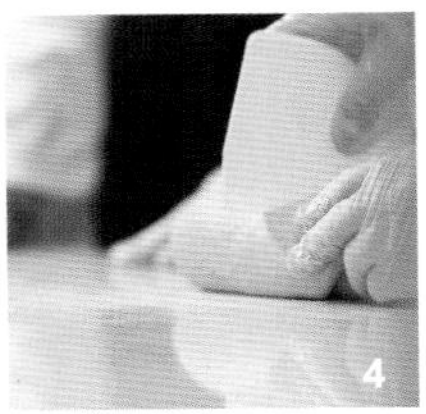

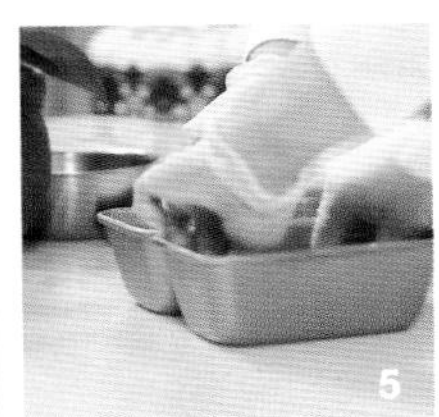

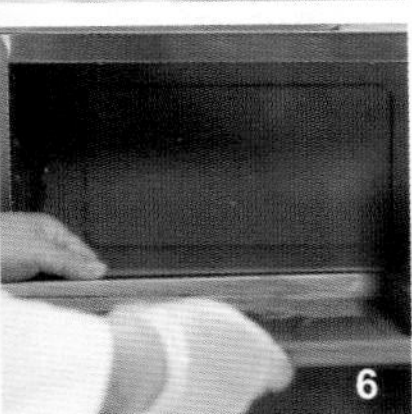

制作过程：

1. 把高筋面粉、全麦面粉、细砂糖倒入玻璃碗中，搅拌均匀。
2. 加入盐、酵母，继续搅拌均匀。
3. 分多次加入水进行搅拌，再加入黄油，揉合均匀成面团。
4. 用刮板把面团分割成每份约 130 克的小份并用擀面杖把面团整形。
5. 把面团放入刷好黄油的吐司模具中。
6. 在烤箱下层放入装好水的烤盘，预热烤箱。
7. 烤箱保持 30℃左右的温度，把放着面团的烤盘放进烤箱中层进行发酵约 30 分钟。
8. 取出发酵中的面团，观察其发酵程度，再放入烤箱以上火 150℃、下火 170℃，烘烤约 25 分钟。
9. 取出烤好的吐司装盘即可。

黎老师，面团要揉至什么程度比较好呢？

因为麦麸会影响面筋的生成，所以全麦面粉较难揉到完全阶段。在做全麦吐司的时候，我们只要将面团揉到扩展阶段就可以了。

巧克力面包

浓郁的巧克力，融入在面包之中，既有面包的清甜，又有巧克力的浓香。

烤箱中层，上火 190℃，下火 170℃　15 分钟　4 人份

工具
玻璃碗
刮板
烤箱

原料
高筋面粉 200 克
可可粉 15 克
黄油 25 克
巧克力豆 15 克
细砂糖 25 克
水 110 毫升
盐 2 克
酵母 4 克

1　把高筋面粉、细砂糖倒入玻璃碗中，用手拌匀。

2　接着加入可可粉、酵母、盐，继续拌匀。

3　分两次加入水充分拌匀。

4　再加入黄油，继续拌匀成面团。

5　将面包整形后加入巧克力豆揉搓均匀。

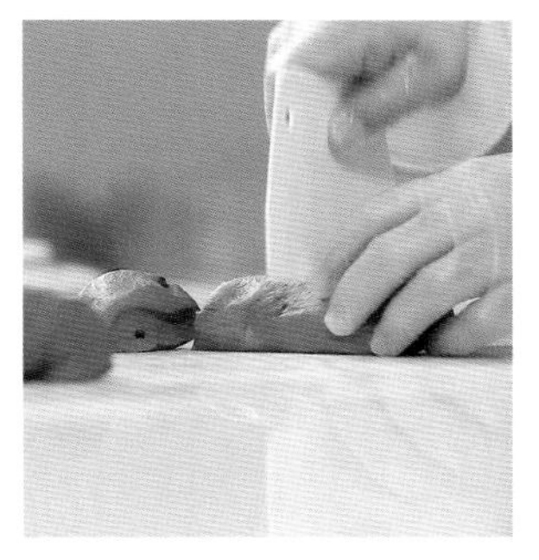

6　用刮板把面团分割成每份 70 克的小份，并一起放进烤盘。

7　将烤箱预热至 30℃，放入面团发酵 30 分钟，然后烘烤约 15 分钟。

8　取出烤好的面包装盘即可食用。

黎老师，为什么按照配方里的温度和时间来烤制，烤出来的面包会不熟或者已经焦了呢？

即使是同一品牌同一型号的烤箱，每台烤箱之间的温度都不一样，所以需要根据实际情况调整。

史多伦面包

烤箱中层，上火 190℃，下火 170℃　15 分钟　4 人份

工具

玻璃碗
刮板
面粉筛
烤箱
电子秤

原料

牛奶 80 毫升
酵母 4 克
高筋面粉 200 克
黄油 40 克
细砂糖 40 克
葡萄干 30 克
蔓越莓干 20 克
柠檬皮 2 克
杏仁片 20 克
糖粉适量

制作过程：

1. 在烤箱下层放入装好水的烤盘，预热烤箱。把高筋面粉、细砂糖、酵母倒入玻璃碗中，充分搅拌均匀。

2. 加入牛奶、黄油、柠檬皮搅拌；再加入杏仁片、蔓越莓干、葡萄干继续搅拌，制成面团。

3. 用刮板把面团分割成每份 50 克的小份，用电子秤称量好后把两份揉合在一起整形后放进烤盘。

4. 把烤盘放进烤箱中层发酵约 30 分钟，接着烘烤约 15 分钟。

5. 取出烤好的面包，在烤好的面包表面筛上一层糖粉装盘即可。

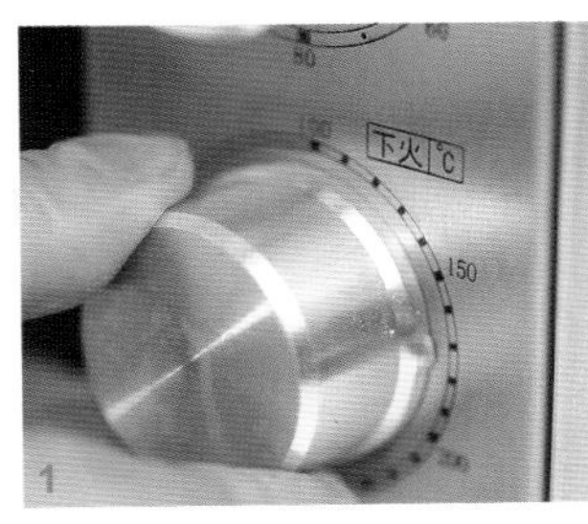

1

2

3

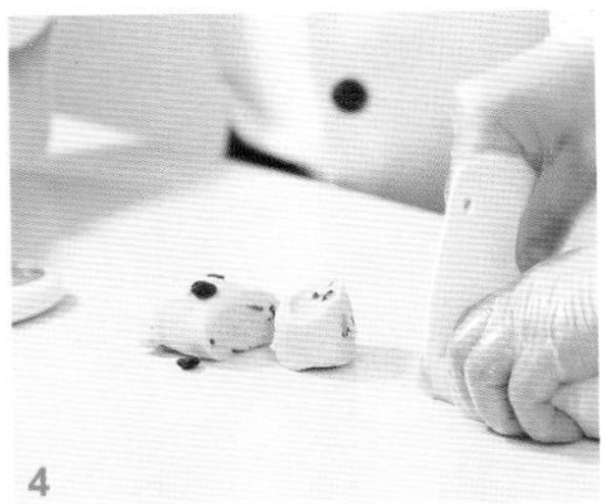
4

5

预热烤箱的目的是为了让食材放进烤箱前，烤箱能达到一定的温度。

墨西哥面包

烤箱中层，上火 190℃，下火 170℃　15 分钟　5 人份

工具

玻璃碗
长柄刮板
刮板
裱花袋
电子秤
烤箱

原料

面团：
高筋面粉 200 克
水 90 毫升
酵母 4 克
蛋黄 15 克
细砂糖 25 克
黄油 30 克

面皮：
黄油 30 克
糖粉 30 克
鸡蛋 30 克
低筋面粉 25 克

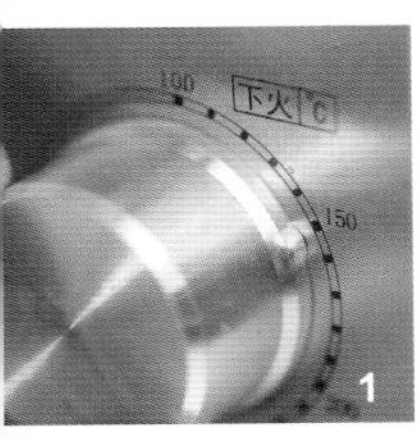

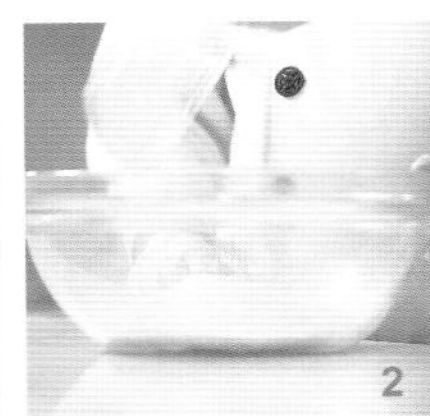

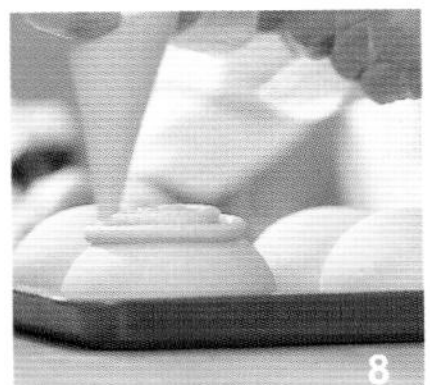

制作过程：

1. 在烤箱下层放入装好水的烤盘预热烤箱。
2. 把高筋面粉、细砂糖、酵母倒入玻璃碗中搅拌均匀，再加入蛋黄拌匀。
3. 分两次加入水充分搅拌，加入黄油继续搅拌，将其揉成面团。
4. 将黄油、糖粉倒入另一玻璃碗中，搅拌均匀。
5. 加入鸡蛋、低筋面粉，搅拌均匀后，将其制成面皮。
6. 用刮板把面团分割成每份 70 克的小份，用电子秤称量完后对其进行整形，放进烤盘。
7. 烤箱保持 30℃左右的温度，把烤盘放进烤箱中层进行发酵约 30 分钟。
8. 把做好的面皮用长柄刮板装入裱花袋，挤在发酵好的面团表层。
9. 将面团放进烤箱中，烘烤约 15 分钟即可。

黎老师，黄油不用打发吗？

烤制墨西哥面包所用的黄油只要搅拌均匀就可以了，不需要打发。

丑怪小石头

这款面包的名字虽然奇特，但实际上就是一款小圆包，味道非常不错哦！

烤箱中层，上火 180℃，下火 160℃　20 分钟　6 人份

工具

刮板
玻璃碗
烤箱
电子秤

原料

低筋面粉 150 克
酸奶 100 克
黄油 35 克
泡打粉 7 克
细砂糖 25 克
盐 3 克
高筋面粉适量

1 烤箱通电后，以上火 180℃、下火 160℃进行预热。

2 把低筋面粉、泡打粉、细砂糖和盐倒入玻璃碗中拌匀。

3 分两次加入酸奶搅拌，再加入黄油，搅拌均匀后制成面团。

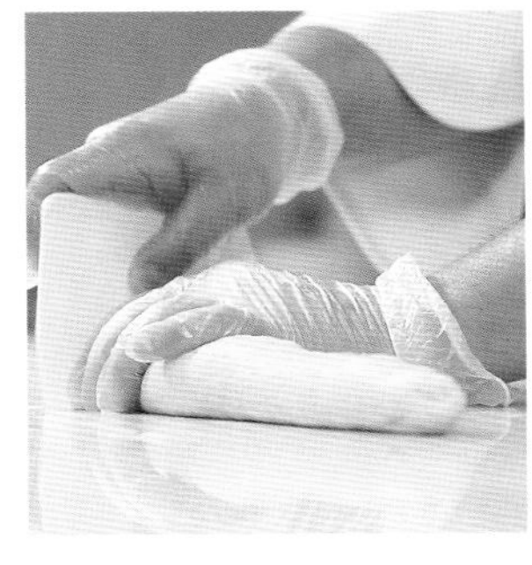

4 将面团搓成条，用刮板分割成若干条重约 50 克的长条，用电子秤称量其重量。

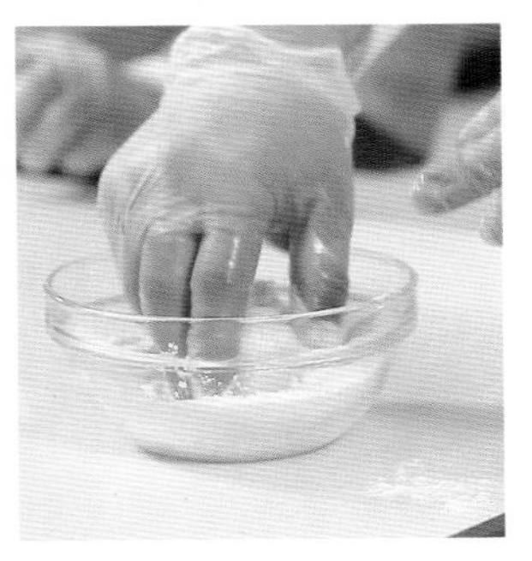

5 把面团整形后裹上一层高筋面粉并放入烤盘中。

6 把烤盘放进预热好的烤箱中烘烤约 20 分钟。

7 烤好后将面包取出即可。

黎老师，为什么我烤出来的面包吃起来口感并不太好？

成品烤出来的口感与你是否按照步骤中的要求制作相关，面团揉搓过度或材料比例有偏差都会影响成品口感。

蒜香面包

烤箱中层，上火 180℃，下火 150℃ 15 分钟 2 人份

工具

玻璃碗
长柄刮板
奶油抹刀
烤箱

原料

吐司片 2~3 片
黄油 50 克
盐 3 克
细砂糖 5 克
蒜泥 50 克

制作过程：

1. 将烤箱通电，以上火 180℃、下火 150℃进行预热。

2. 把盐、细砂糖、蒜泥倒入玻璃碗中，用长柄刮板搅拌均匀；再倒入溶化的黄油，拌匀。

3. 用奶油抹刀将蒜泥膏抹在吐司片上，然后摆放在烤盘中。

4. 将烤盘放入预热好的烤箱中烘烤约 15 分钟。

5. 取出烤好的面包装盘即可。

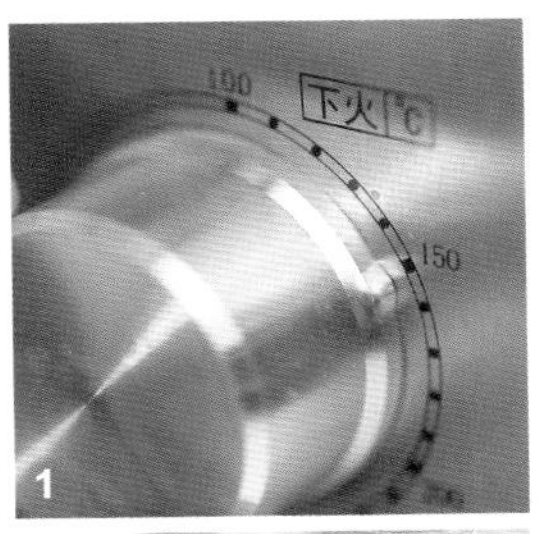

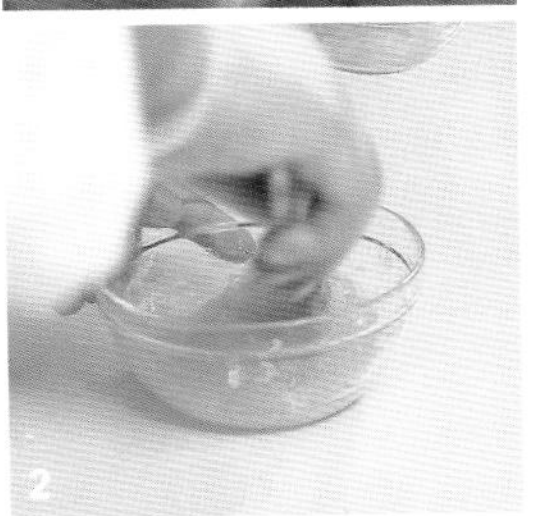

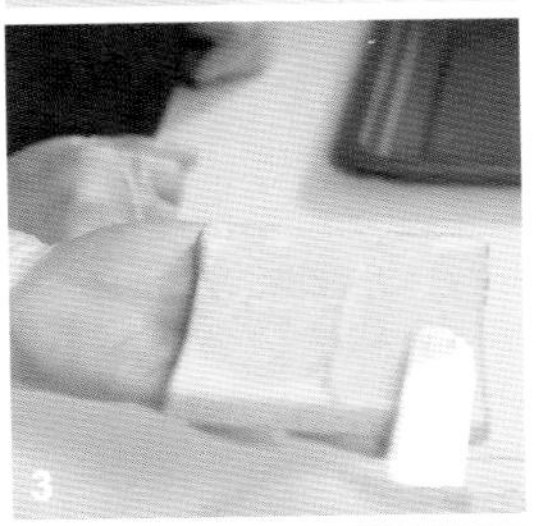

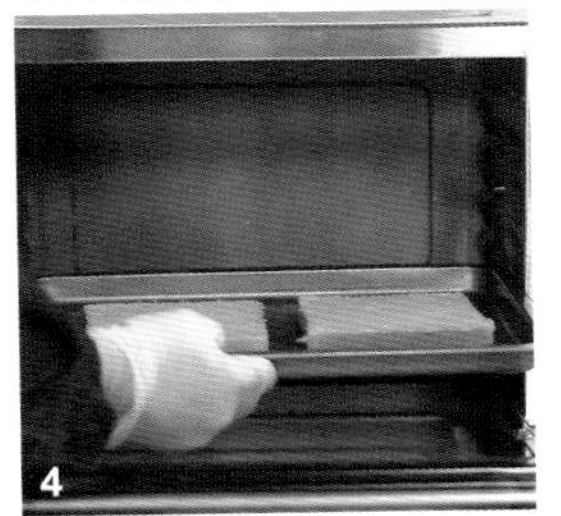

乳酪蛋挞

一口下去，咬破酥脆的表皮，柔软的内馅直接滑入口中。

烤箱中层，上火 190℃，下火 190℃　10 分钟　4 人份

工具

玻璃碗
搅拌器
面粉筛
蛋挞模具
烤箱

原料

挞皮：
低筋面粉 100 克
黄油 50 克
乳酪 35 克
细砂糖 20 克

挞馅：
牛奶 20 毫升
鸡蛋 2 个
细砂糖 50 克
水 100 毫升

1　将黄油、乳酪、细砂糖倒入玻璃碗中进行搅拌；接着加入低筋面粉，将其搅拌至黏稠。

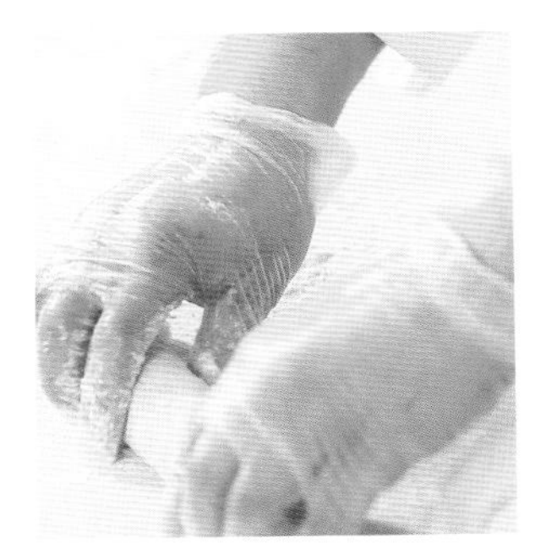

2　将面团揉至长条形。

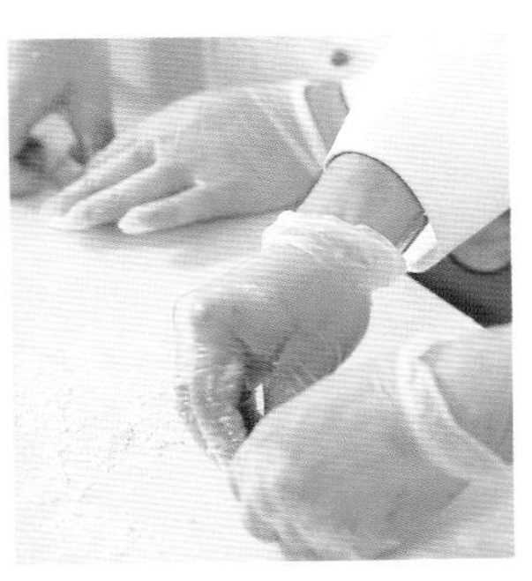

3　把揉好的蛋挞皮放入蛋挞模具中捏至成形。

4　把水、细砂糖倒入另一个玻璃碗中进行搅拌，使细砂糖能够充分溶化。

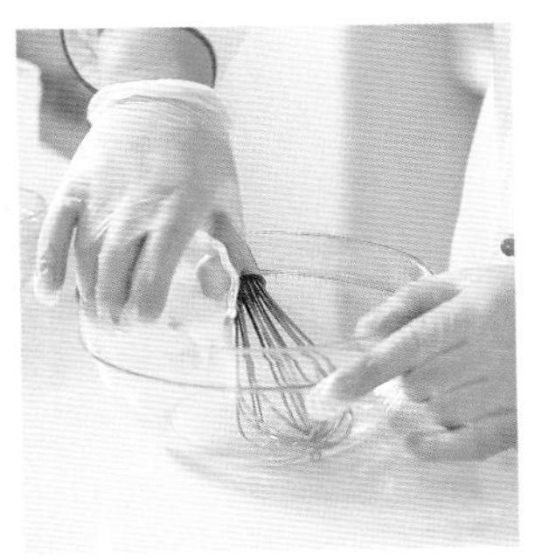

5　倒入牛奶，用搅拌器搅拌均匀。

6　将鸡蛋敲入碗中，打散至糊状。

7　把鸡蛋液倒入糖水中搅拌均匀后过筛。

8　将挞馅装入挞皮中，约九分满，放入预热好的烤箱中，烘烤约 10 分钟即可。

黎老师，黄油的打发，一般是要打发到什么样的程度呢？

黄油需要提前加热至软化，然后进行打发，或是和其他的食材进行打发，打到体积变大、颜色稍微变浅即可。

草莓乳酪派

烤箱中层，上火 190℃，下火 150℃　40 分钟　4 人份

工具

长柄刮板
刮板
模具
玻璃碗
裱花袋
烤箱
擀面杖

原料

派皮：
黄油 125 克
糖粉 125 克
鸡蛋 50 克
低筋面粉 250 克
泡打粉 1 克

派馅：
奶油芝士 170 克
黄油 60 克
细砂糖 60 克
鸡蛋 50 克
淀粉 9 克
淡奶油 35 毫升
草莓酱 60 克

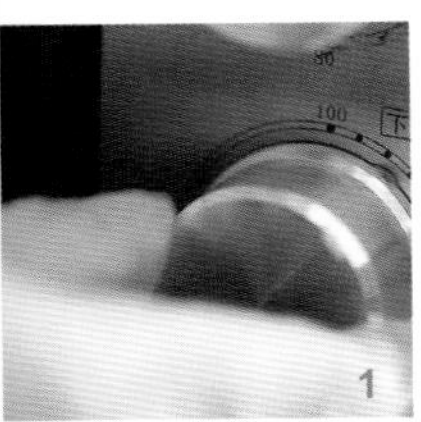

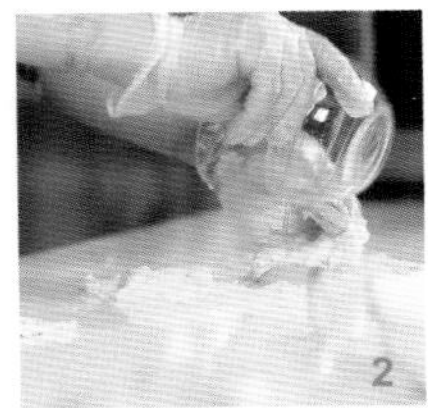

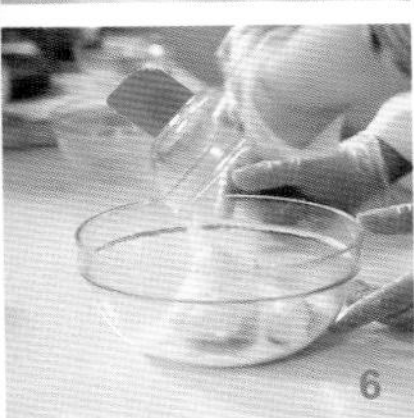

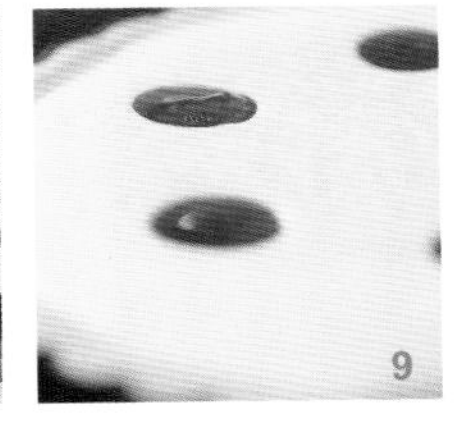

制作过程：

1 烤箱通电后，以上火 190℃、下火 150℃进行预热。

2 派皮制作一：把黄油倒在案台上，加入糖粉，用手充分搅拌均匀；再加入鸡蛋搅拌，使其与黄油充分融合。

3 派皮制作二：加入低筋面粉和泡打粉继续搅拌，用擀面杖把挞皮擀好后放入模具底部，使挞皮紧贴其底部。

4 把剩下的挞皮擀成长条形，裹在模具的内边缘上。

5 用刮板在做好的派底部打孔排气，然后放入烤盘中并放进预热好的烤箱烘烤约 15 分钟，烤至表皮微微发黄。

6 派馅制作一：把奶油芝士和细砂糖放入玻璃碗中，用长柄刮板充分搅拌均匀，加入溶化好的黄油继续搅拌，再加入淡奶油搅拌。

7 派馅制作二：分两次加入鸡蛋继续搅拌，最后加入淀粉搅拌均匀，制成馅料。

8 把调制好的派馅倒入烤好的派皮中，再把草莓酱用裱花袋挤入派馅中。

9 把派放入预热好的烤箱中层，烤约 25 分钟。取出烤好的派，装盘即可。

黎老师，派皮应该做到什么程度才算是恰当的呢？

要制作一个好的派皮，在面团的筋度上有严格的要求，面团揉搓过度会使派皮烘焙时难以蓬松，大大降低派皮的口感。

椰奶布丁

2 人份

工具

布丁模具
不锈钢盆
玻璃碗
搅拌器
冰箱

原料

牛奶 750 毫升
细砂糖 200 克
水 350 毫升
椰汁 400 毫升
玉米淀粉 120 克

制作过程：

1 将牛奶、椰汁、细砂糖倒入不锈钢盆中，加热搅拌均匀，使其充分混合。

2 把水放入玻璃碗中，加入玉米淀粉进行搅拌。

3 把椰奶煮至沸腾后，将淀粉水慢慢加入并用搅拌器迅速搅拌，此时汤会变得越来越稠，当颜色接近透明时即可关火。

4 在布丁模具中加点温开水冲刷一下，然后把奶浆装入模具中。

5 奶浆放入模具后待其冷却。

6 将模具放入冰箱冷冻半小时，取出即可。

淀粉水一定要经过搅拌，不搅拌的话会使淀粉沉淀，影响口感。

清甜双果派

微酸的苹果，
清甜的梨肉，
双重的味觉享受。

烤箱中层，上火 190℃，下火 190℃　35 分钟　4 人份

工具

刮板
玻璃碗
烤箱
电子秤

原料

派皮：
低筋面粉 135 克
黄油 110 克
鸡蛋 15 克
泡打粉 2 克
糖粉 80 克

派馅：
苹果 1 个
梨 1 个
柠檬汁 5 毫升
细砂糖 60 克
盐 2 克
肉桂粉 4 克
黄油 10 克

1 将软化的黄油、糖粉倒入碗中拌匀，加入鸡蛋搅拌，最后加入泡打粉和低筋面粉，用长柄刮板拌匀，制成挞皮。

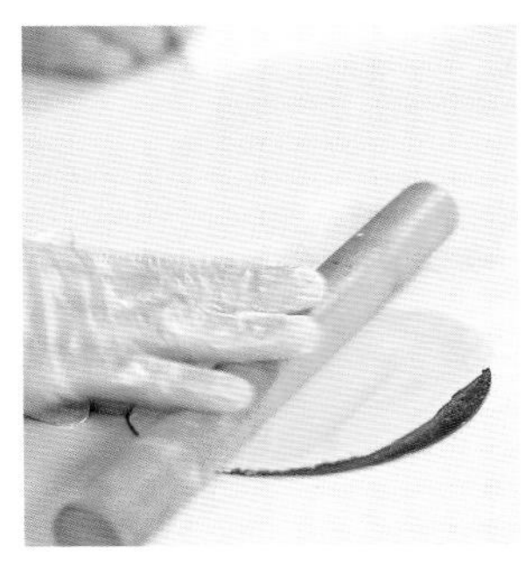

2 用擀面杖把挞皮擀好后放入模具底部，使挞皮与其紧贴。

3 把剩下的挞皮擀成长条形，裹住模具内边缘，用刮板在做好的派皮底部打孔排气。

4 把做好的派皮放入烤盘中，并放进预热好的烤箱中烘烤约 15 分钟，至表皮微微发黄即可。

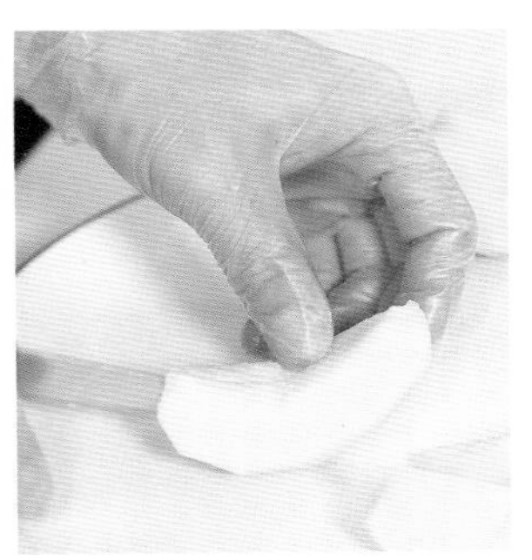

5 把梨和苹果削皮，用刀切成丁状待用。

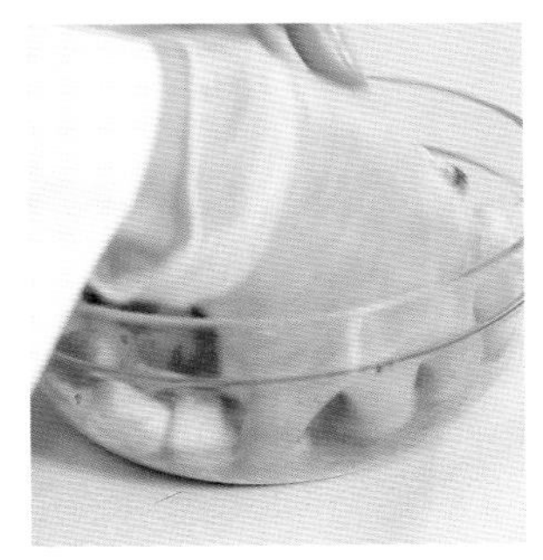

6 用模具为面皮塑形后摆放在烤盘中，再放进预热好的烤箱中，上、下火温度保持不变，烘烤 20 分钟。

7 把肉桂粉、盐、细砂糖、柠檬汁和溶化好的黄油倒入玻璃碗中，再加入水果丁搅拌均匀，制成派馅。

8 取出烤好的派装盘即可。

黎老师，低筋面粉有什么特点，在哪里可以买到呢？

低筋面粉蛋白质含量在 9% 以下，一般用来制作组织疏松、口感松软的蛋糕、饼干、派等糕点。一般在商场都可以买到低筋面粉。

香甜樱桃挞

艳红的果肉，铺于挞面之上，构成一道诱人的甜食。

烤箱中层，上火 200℃，下火 160℃ 28 分钟 4 人份

工具

玻璃碗
搅拌器
刮板
烤箱
蛋挞模

原料

挞皮：
低筋面粉 175 克
黄油 100 克
水 45 毫升
盐 2 克

挞馅：
淡奶油 125 毫升
牛奶 125 毫升
细砂糖 20 克
蛋黄 100 克
朗姆酒 3 毫升
樱桃果肉 70 克

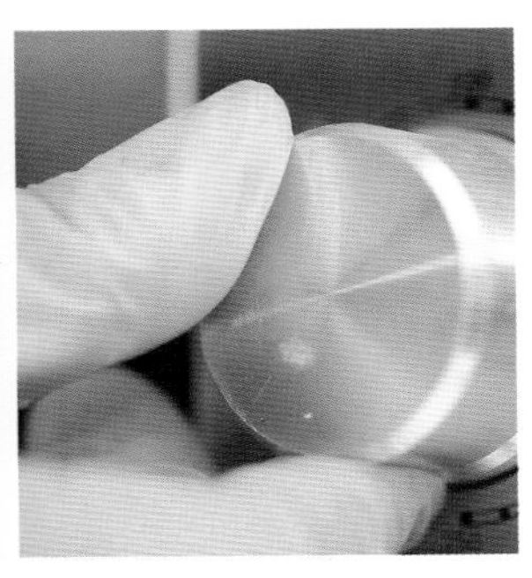

1 烤箱通电进行预热，上火 200℃，下火 160℃。

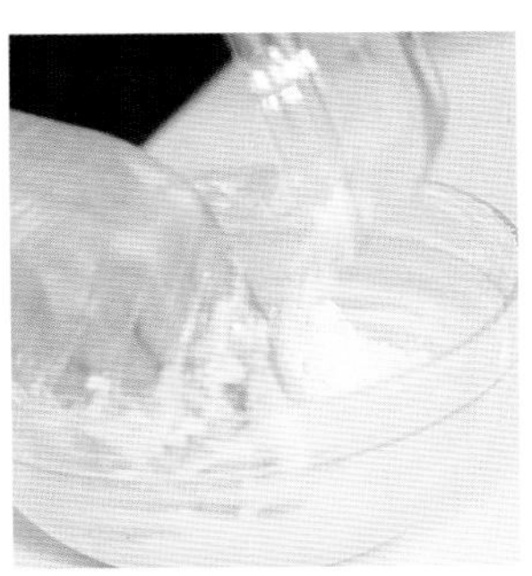

2 把黄油倒入玻璃碗中，分多次加入水并搅拌均匀；再加入盐、低筋面粉搅拌均匀，制成挞皮。

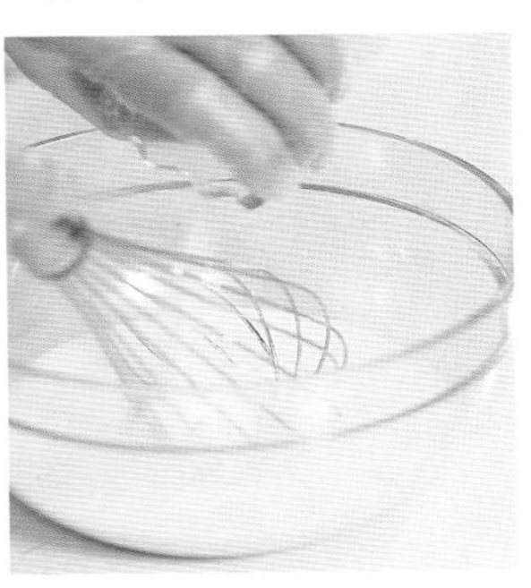

3 将面团搓成长条，用刮板切成小块后紧贴蛋挞模内壁进行装模，摆放在烤盘中。

4 将烤盘放进预热好的烤箱中烘烤约 8 分钟。

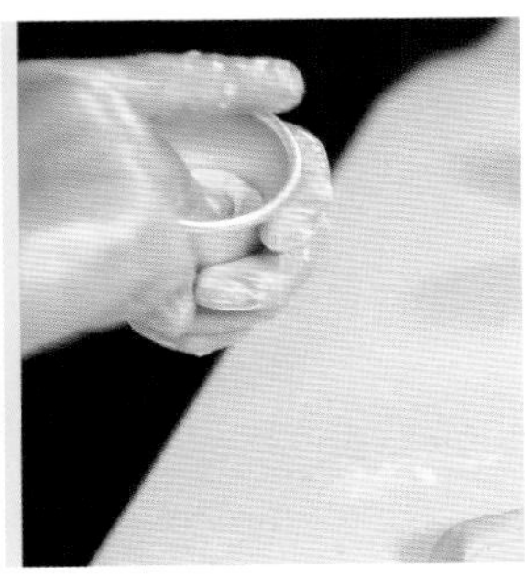

5 将淡奶油、牛奶和细砂糖倒入玻璃碗，用搅拌器充分拌匀，接着加入蛋黄搅拌，再倒入朗姆酒拌匀。

6 把制作好的挞馅倒入烤好的挞皮中约九分满，然后放入预热好的烤箱中烘烤约 20 分钟。

7 烤好后出炉，用樱桃果肉装饰已经烤好的挞即可。

黎老师，为什么我烤的蛋挞面皮没你烤的好看？

在烤的过程中，挞皮会有收缩现象。面皮在挞模中捏紧时，一定要捏得高出模具的边缘才行。

千层酥饼

烤箱中层，上火 200℃，下火 180℃　15 分钟　5 人份

工具

烤箱
冰箱
玻璃碗
搅拌器
长柄刮板
刮板
面粉筛
擀面杖
保鲜膜
奶油抹刀
尺子

原料

片状酥油 500 克
高筋面粉 50 克
黄油 50 克
细砂糖 50 克
全蛋 50 克
水 350 毫升
低筋面粉 700 克
蛋清 20 克
糖粉 100 克
杏仁片适量

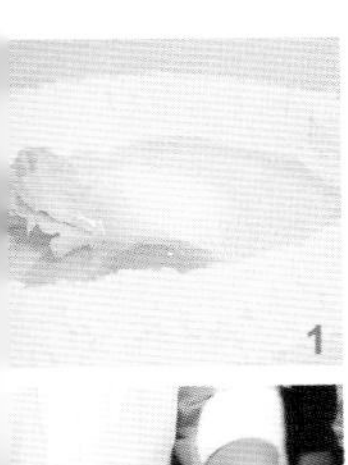

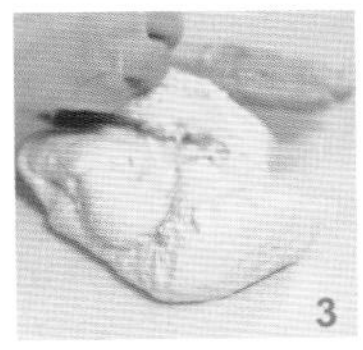

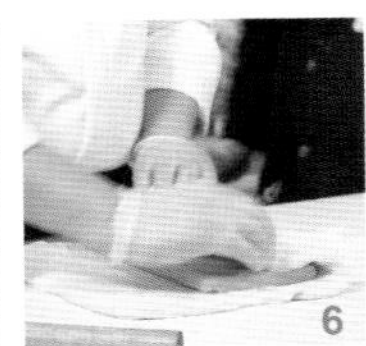

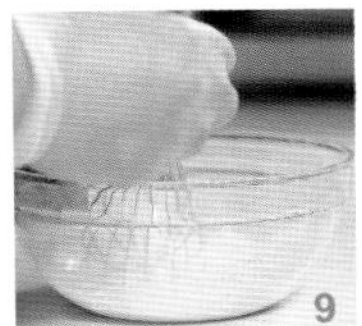

制作过程：

1 用长柄刮板把高筋面粉倒入低筋面粉，混合后倒在案台上，刮板开窝；把黄油、细砂糖、全蛋放入粉窝中搅拌。

2 分多次加入水，并用手继续搅拌，使细砂糖和水能够充分融合后，慢慢把面粉搅进去。

3 用手把面团揉至光滑为止，适当加水使面团充分伸展，揉面时力道要上下均匀。

4 用保鲜膜将面团包裹住，放进冰箱冷冻 1 小时以上。

5 烤箱通电，以上火 200℃、下火 180℃预热。

6 把片状酥油裹进冷冻好的面团中，用擀面杖多擀几次并进行折叠，使二者充分混合。

7 把制作好的酥皮用保鲜膜包好放进冰箱再冷冻 1 小时以上。

8 取出冰箱的酥皮继续用擀面杖擀成片状后，再重复折叠并擀几次后酥皮就做好了。

9 另置一只玻璃碗，加入蛋清、糖粉，用搅拌器搅拌均匀后制成糖霜。

10 把酥皮用尺子量好，分割成均匀的长条形，用奶油抹刀在分割好的面皮上抹上糖霜，接着沾上杏仁片。

11 把面皮放进烤盘，移入烤箱烘烤约 15 分钟。烤制完成后取出酥饼，筛上糖粉装盘即可。

黎老师，和面的时候我可以一次性把水倒入面粉中吗？

不可以，和面时应该分多次少量倒入水进行和面，这样可以避免揉出来的面团出现不均匀的小疙瘩。

奶油芝士球

烤箱中层，上火 180℃，下火 110℃　25 分钟　4 人份

工具

长柄刮板
电动搅拌器
裱花袋
玻璃碗
烤箱
模具

原料

奶油芝士 360 克
糖粉 90 克
黄油 45 克
淡奶油 18 毫升
柠檬汁 1 克
蛋黄 90 克

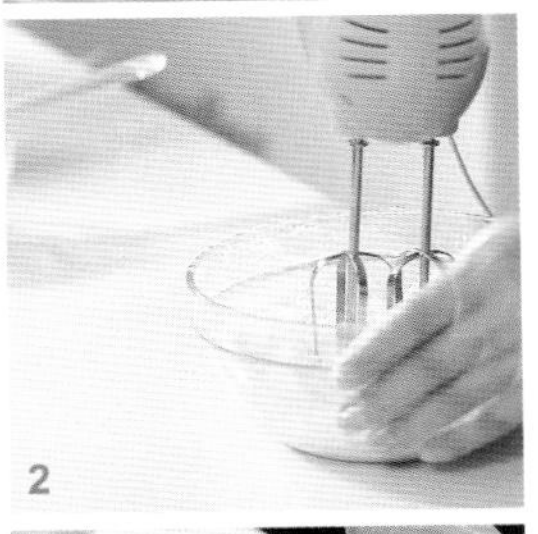

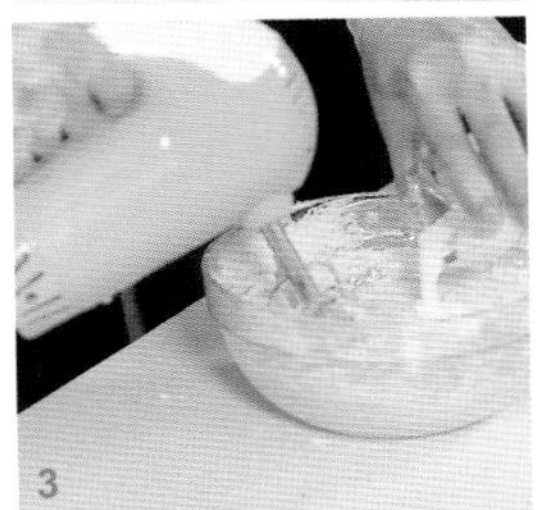

制作过程：

1 烤箱通电，以上火 180℃、下火 110℃进行预热。

2 用长柄刮板把奶油芝士和黄油倒入玻璃碗中拌匀，加入糖粉，再用电动搅拌器搅拌。

3 分多次加入蛋黄，每加一次搅拌均匀，接着加入淡奶油、柠檬汁继续搅拌均匀。

4 将搅拌好的材料装入裱花袋，把面糊挤入模具中。

5 把模具放入烤盘中，一起放进预热好的烤箱中，烤制 25 分钟左右。烤好后取出奶油芝士球，摆放在盘中即可。

可以使用植脂甜点奶油代替动物性淡奶油，其性质与动物性淡奶油类似。植脂甜点奶油本身含有糖分，打发的时候不需要再加糖了。

Part 2

Advanced Baking

烘焙教父的进阶烘焙

烘焙，再进一步

烘焙，是一个容易让人上瘾的词。

最初接触烘焙的时候，是带着期待的心情、生疏的手法去做的。

然而，当我们的糕点越做越多，手法和步骤也越来越熟练时，

这些简单的烘焙已经远远不能够满足我们的需求。

从前积攒起来的烘焙经验，也是时候要有所提升了。

蓝莓芝士

浓厚的芝士作为蛋糕主体，点缀着蓝紫色的浆果，让人不得不爱。

烤箱中层，上火 160℃，下火 130℃　50 分钟　4 人份

工具
- 烤箱
- 搅拌器
- 电动搅拌器
- 裱花袋
- 长柄刮板
- 玻璃碗
- 蛋糕模具
- 烘焙纸
- 剪刀

原料
- 芝士 200 克
- 淡奶油 100 毫升
- 牛奶 100 毫升
- 鸡蛋 2 个
- 细砂糖 75 克
- 蓝莓酱 60 克

1 把芝士倒入玻璃碗中，将其用电动搅拌器打散。

2 分两次加入鸡蛋搅拌，再加入细砂糖，一边搅拌一边倒入淡奶油。

3 加入牛奶，一边倒一边搅拌，搅拌均匀后芝士糊就完成了。

4 用长柄刮板将芝士糊倒入垫有烘焙纸的蛋糕模具中，震荡几下，排出气泡。

5 将模具放入加水的烤盘中，移入预热好的烤箱，烘烤约 30 分钟。

6 取出，把蓝莓酱装入裱花袋，用剪刀剪出一个小孔。再将其挤到烤好的蛋糕上进行装饰。

7 再次把蛋糕放入烤箱中，隔水烘烤 20 分钟即可。

黎老师，我可以将鸡蛋一次性放入打散的芝士中吗？

鸡蛋液一定要分 2 ~ 3 次加入，每一次加入后都要等芝士和鸡蛋完全融合后再加一次。

芒果夏洛特

5人份

工具

刀
面粉筛
搅拌器
勺子
裱花袋
玻璃碗
慕斯杯
锅
冰箱

原料

芒果果泥200克
淡奶油250毫升
牛奶80毫升
吉利丁片15克
细砂糖40克
芒果1个

制作过程：

1 把细砂糖、牛奶和用冰水软化后的吉利丁片倒入锅中，隔水加热，用搅拌器搅拌均匀。

2 将芒果果泥和淡奶油倒入玻璃碗中拌匀，再倒入面粉筛过筛。

3 用刀把芒果切丁，再把部分芒果丁用勺子装入慕斯杯中。

4 把芒果泥装进裱花袋，挤入杯中约八分满，再放入冰箱中冷冻约半小时。

5 取出冷冻好的慕斯，把芒果丁撒在慕斯上即可。

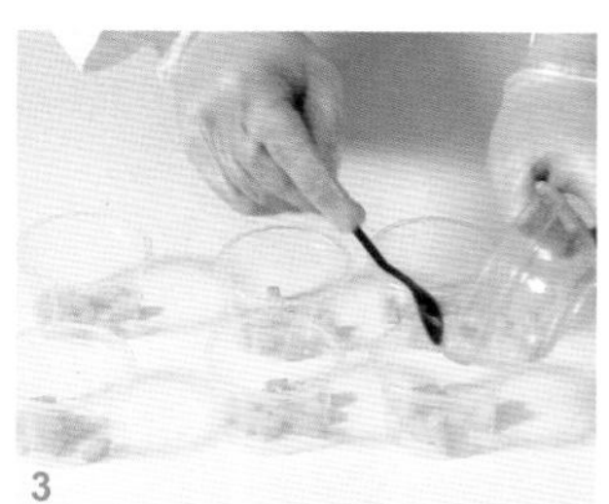

使用熟透的芒果制作这款蛋糕，芒果味会更加香甜。

草莓慕斯

5 人份

工具

长柄刮板
电动搅拌器
裱花袋
蛋糕底托
奶油抹刀
烘焙纸
模具
网架
电磁炉
冰箱

原料

蛋糕坯适量
鲜草莓 30 克
慕斯底：
牛奶 30 毫升
白砂糖 20 克
淡奶油 280 毫升
草莓果泥 100 克
吉利丁片 10 克
慕斯淋面 A：
草莓果泥 100 克
白砂糖 150 克
饴糖 175 克
慕斯淋面 B：
草莓果泥 75 克
白巧克力 150 克
吉利丁片 20 克

装饰

椰蓉适量
红加仑适量

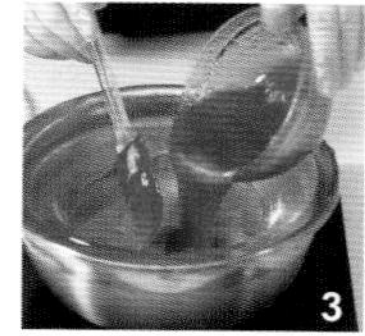

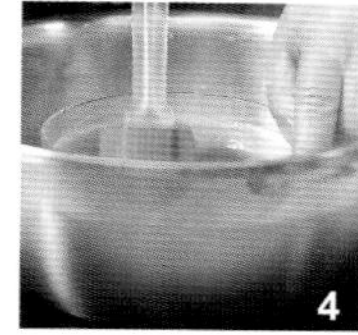

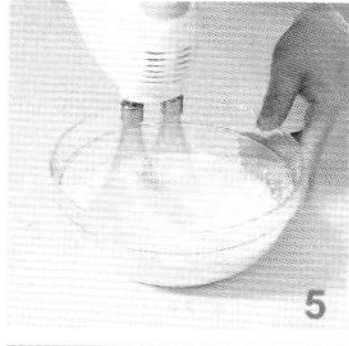

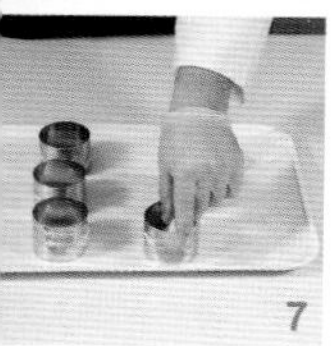

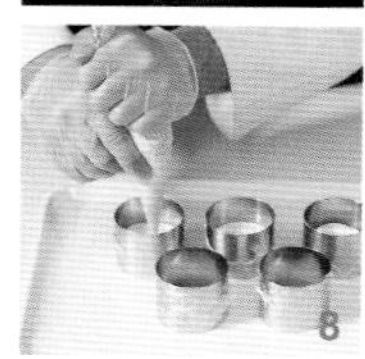

制作过程：

1 慕斯淋面 A 制作过程：把饴糖用电磁炉隔水加热软化，倒入白砂糖，用长柄刮板搅拌均匀后，加入草莓果泥继续搅拌。

2 慕斯淋面 B 制作过程：把白巧克力、草莓果泥和软化的吉利丁片用电磁炉隔水加热并搅拌均匀。

3 把淋面 A 和淋面 B 全部搅拌均匀。

4 慕斯底制作步骤一：把牛奶、白砂糖、草莓果泥和软化的吉利丁隔水加热搅拌均匀。

5 慕斯底制作步骤二：把淡奶油用电动搅拌器打至六成发。

6 慕斯底制作步骤三：把搅拌好的牛奶草莓果泥酱倒入打发好的奶油霜中翻拌均匀。

7 在模具中放入蛋糕坯，再在上面放入切好的鲜草莓丁待用。

8 用裱花袋把慕斯底挤进装有蛋糕坯的模具里约五分满，放入冰箱冷藏 3 小时以上。

9 在网架下铺上烘焙纸，然后将冷冻好的慕斯放在网架上，并淋上慕斯淋面。

10 用奶油抹刀在慕斯底部裹上椰蓉，放在蛋糕底托上。

11 用红加仑等装饰即可。

黎老师，慕斯为什么需要冷藏？

我们制作的慕斯未使用凝固剂，全靠巧克力本身的性质使慕斯凝固，因此脱模之前需要冷藏，以免破坏形状。

树莓慕斯

4 人份

工具

刀
锅
面粉筛
玻璃碗
长柄刮板
方形模具
蛋糕底托
电动搅拌器
冰箱

原料

蛋糕坯适量
慕斯淋面：
牛奶 80 毫升
树莓 200 克
吉利丁片 15 克
细砂糖 30 克
慕斯底：
淡奶油 280 克
朗姆酒 5 毫升

装饰

草莓适量
蓝莓适量

制作过程：

1 慕斯淋面制作步骤一：把软化的吉利丁片、细砂糖和牛奶倒入锅中隔水加热，搅拌均匀。

2 慕斯淋面制作步骤二：离火加入树莓，用长柄刮板搅拌均匀，制成慕斯淋面。

3 慕斯淋面制作步骤三：把慕斯淋面过筛备用。

4 慕斯底制作：把淡奶油用电动搅拌器打至六成发，倒入部分树莓淋面翻拌均匀，再加入朗姆酒继续拌匀。然后把慕斯底倒进装有蛋糕坯的方形模具里并震荡排出气泡，放入冰箱冷藏 3 小时以上。

5 冻好后取出蛋糕，用刀将其分段切割成正方小块，再将慕斯放在蛋糕底托上，用草莓和蓝莓等进行装饰即可。

吉利丁要用冰水完全泡软，使用时要挤去多余的水分。

巧克力慕斯

4 人份

工具

刀
锅
长柄刮板
电动搅拌器
裱花袋
长方形模具
烘焙纸
奶油抹刀
冰箱

原料

蛋糕坯适量

慕斯底：
黑巧克力 100 克
牛奶 50 毫升
吉利丁片 5 克
淡奶油 210 克

慕斯淋面：
牛奶 130 毫升
巧克力 150 克
果胶 75 克
吉利丁片 5 克

装饰

杏仁片适量

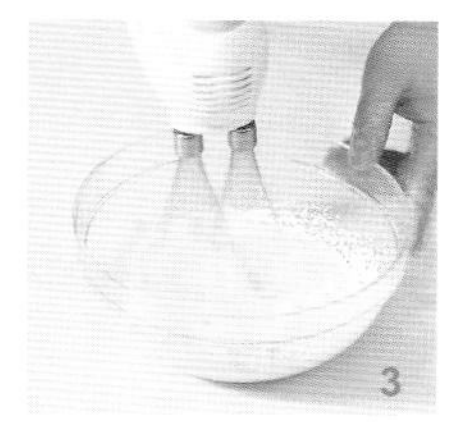

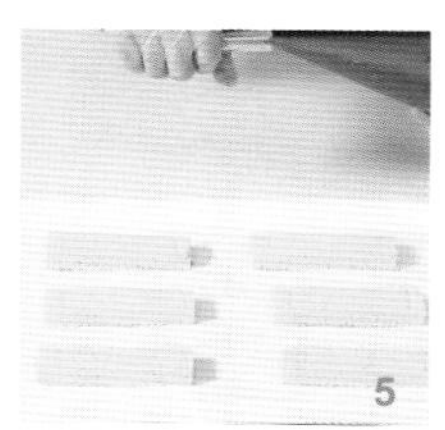

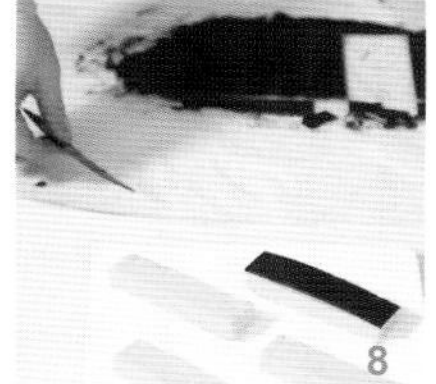

制作过程：

1 慕斯淋面制作：先把吉利丁片加冰水软化，再将所有淋面材料全部倒入锅中，隔水加热，用长柄刮板搅拌均匀。

2 慕斯底制作步骤一：把黑巧克力、牛奶和软化的吉利丁隔水加热搅匀成巧克力酱。

3 慕斯底制作步骤二：把淡奶油用电动搅拌器打至六成发，制成奶油霜。

4 慕斯底制作步骤三：将搅拌好的巧克力酱（需留取部分待用）倒入打发好的奶油霜中翻拌均匀。

5 把切好的蛋糕坯放在垫有烘焙纸的盘中。

6 用裱花袋把慕斯底挤进长条形模具里，一并放入盘中，再放进冰箱冷藏 3 小时以上。

7 把剩余巧克力酱刷在平铺的烘焙纸上，待干，做成慕斯片。

8 将慕斯片裁成和蛋糕同等的大小，刷上果胶，粘在蛋糕上。

9 把冷冻好的慕斯放在网架上，淋上慕斯淋面后，把慕斯放在放有巧克力片的蛋糕坯上，用巧克力片和杏仁片点缀即可。

黎老师，一般的慕斯蛋糕应该怎么切块蛋糕的形状才比较完整？

把刀在火上烤一会儿再切，就能切出切面平整漂亮的慕斯蛋糕了。

优格慕斯

6 人份

工具

刀
长柄刮板
面粉筛
慕斯杯

原料

慕斯 A：
蛋黄 20 克
细砂糖 40 克
吉利丁片 5 克
乳酪 150 克
淡奶油 70 克
蛋糕坯适量

慕斯 B：
草莓果泥 100 克
细砂糖 60 克
吉利丁片 5 克

慕斯 C：
芒果果泥 100 克
细砂糖 60 克
吉利丁片 5 克
草莓适量
蓝莓适量
打发好的奶油适量

制作过程：

1 慕斯 A 层制作：
（1）将乳酪、淡奶油、细砂糖、蛋黄和软化后的吉利丁片隔水加热，用长柄刮板搅拌均匀。
（2）将混合均匀的奶糊过筛好后倒入慕斯杯中。
（3）用刀把蛋糕坯切成与慕斯杯同等大小的薄片并铺入杯中。

2 慕斯 B 层制作：将草莓果泥、细砂糖和软化后的吉利丁片隔水加热搅拌均匀，倒入慕斯杯。把慕斯 A 再铺一层。

3 慕斯 C 层制作：把芒果果泥、细砂糖和软化后的吉利丁片隔水加热拌匀，倒入慕斯杯中静置 15 分钟。用打发好的奶油、草莓和蓝莓等进行装饰即可。

抹茶慕斯

烤箱中层，上火 170℃，下火 150℃　10 分钟　6 人份

工具

面粉筛
裱花袋
玻璃碗
勺子
烘焙纸
慕斯杯
搅拌器
电动搅拌器
烤箱

原料

慕斯：
乳酪 100 克
抹茶粉 40 克
牛奶 200 毫升
细砂糖 50 克
蛋黄 90 克
吉利丁片 10 克
淡奶油 500 毫升
红豆 50 克

装饰糖片：
黄油 50 克
糖粉 80 克
水 10 毫升
低筋面粉 25 克
杏仁片 15 克
蓝莓适量

制作过程：

1. 将乳酪、牛奶、细砂糖拌入碗中，加入冰水软化后的吉利丁片、抹茶粉及蛋黄隔水加热，用搅拌器拌匀后倒入面粉筛里过筛。

2. 把淡奶油用电动搅拌器打至六成发，倒入慕斯翻拌均匀。加入红豆搅拌均匀，将其装入裱花袋，挤入慕斯杯中静置 15 分钟左右。

3. 把黄油、糖粉、水、低筋面粉、杏仁片倒入空玻璃碗中搅拌均匀。用勺子舀出放置在垫有烘焙纸的烤盘中并整形。

4. 把烤盘放进烤箱中烘烤约 10 分钟，出炉冷却后用蓝莓、糖片装饰慕斯即可。

焦糖慕斯

5 人份

工具

锅
勺子
长柄刮板
电动搅拌器
烘焙纸
裱花袋
模具
网架
蛋糕底托
玻璃碗
冰箱

原料

慕斯底：
牛奶 70 毫升
淡奶油 250 毫升
黑白巧克力 100 克
吉利丁片 5 克
朗姆酒 5 毫升

慕斯淋面：
牛奶 90 毫升
牛奶巧克力 150 克
果胶 75 克
淡奶油 70 毫升
细砂糖 10 克
吉利丁片 5 克

装饰

巧克力片
巧克力酱
白巧克力酱

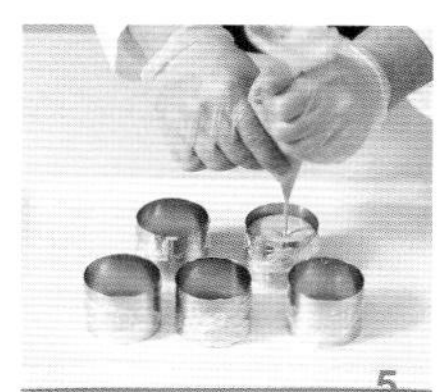

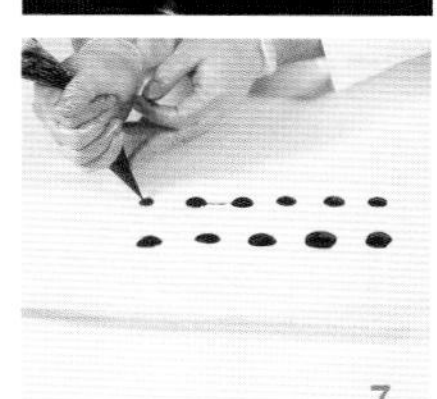

制作过程：

1 慕斯淋面制作步骤一：把细砂糖加热熬成焦糖，加入牛奶、果胶和淡奶油，用长柄刮板搅拌均匀。

2 慕斯淋面制作步骤二：加入用冰水软化的吉利丁片继续搅拌，充分混合后关火，加入牛奶巧克力继续搅拌，直至巧克力充分溶化。

3 慕斯底制作步骤一：把牛奶和软化的吉利丁片隔水加热搅拌均匀，继续加入黑白巧克力搅拌，直至完全溶化。

4 慕斯底制作步骤二：把淡奶油用电动搅拌器打至六成发，倒入搅拌好的牛奶巧克力酱翻拌均匀，最后加入朗姆酒，搅拌匀。

5 把慕斯底装入裱花袋，挤进装有蛋糕坯的模具里约九分满。

6 震荡模具使其排出气泡，放入冰箱冷藏 3 小时以上。

7 把巧克力酱用裱花袋挤在平铺的烘焙纸上，并用勺子压出形状。

8 把冷冻好的慕斯放在网架上，淋上慕斯淋面后，在慕斯表面挤上白巧克力酱进行装饰。

9 把装饰好的慕斯放在蛋糕底托上，用巧克力片点缀即可。

黎老师，请问焦糖什么时候淋在慕斯上比较好？

焦糖淋酱降温至 30℃～40℃时就可以淋在慕斯上了，完全冷却再淋的话会变得浓稠、流动性不好。

柠檬重油蛋糕

烤箱中层，上火 170℃，下火 180℃　20 分钟　5 人份

工具
刀
搅拌器
玻璃碗
长柄刮板
纸杯
烤箱

原料
柠檬皮 40 克
泡打粉 5 克
细砂糖 100 克
鸡蛋 100 克
低筋面粉 100 克
黄油 100 克

制作过程：

1. 用刀把柠檬皮切成丁。

2. 将泡打粉、细砂糖、鸡蛋、低筋面粉、软化的黄油倒入玻璃碗中，用搅拌器搅拌成面糊。

3. 将柠檬皮倒入面糊中，搅拌均匀。再用长柄刮板将搅拌均匀的面糊倒入纸杯中。

4. 把纸杯放在烤盘上，移入烤箱中烘烤约 20 分钟。

5. 将烤好的蛋糕拿出摆盘即可。

柠檬皮内侧有一层白色的部分，在切丁之前，用刀刮掉，这样口感就不会苦涩。

香橙重油蛋糕

烤箱中层，上火 170℃，下火 180℃ 20 分钟 5 人份

工具
刀
搅拌器
裱花袋
纸杯
玻璃碗
烤箱

原料
香橙皮 40 克
泡打粉 5 克
糖粉 100 克
鸡蛋 100 克
低筋面粉 100 克
色拉油 100 毫升

制作过程：

1. 将香橙皮用刀切成丁。

2. 将泡打粉、糖粉、鸡蛋、低筋面粉、色拉油倒入玻璃碗中，用搅拌器搅拌成面糊。

3. 将香橙皮倒入面糊中，搅拌均匀后装入裱花袋，再将其挤入纸杯中。

4. 把纸杯放进烤箱中，烘烤约 20 分钟。

5. 将烤好的蛋糕取出，撒上些许糖粉摆盘即可。

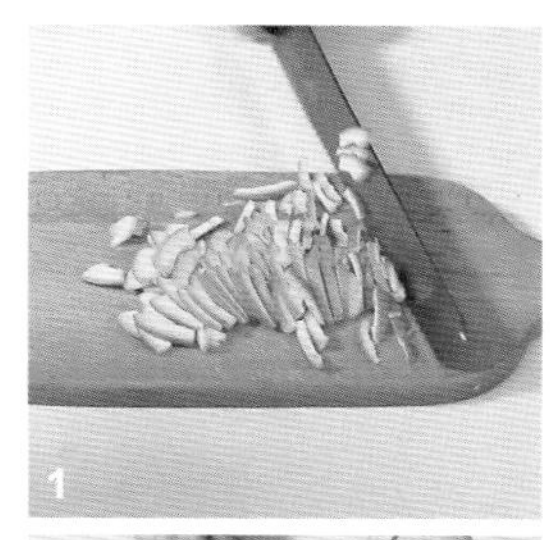

沙兰乳酪面包

满满的乳酪，略微焦黄的表面，勾得人食指大动。

烤箱中层，上火 190℃，下火 170℃　15 分钟　2 人份

工具

面包机
烤箱
电子秤
刮板
玻璃碗
刷子
勺子
面粉筛
模具

原料

面团：
高筋面粉 400 克
酵母 8 克
细砂糖 100 克
鸡蛋 100 克
盐 3 克
水 120 毫升
黄油 130 克

其他：
芝士片 40 克
奶油芝士 125 克
细砂糖 60 克
淡奶油 20 毫升
蛋液适量
糖粉适量

1 面片制作：把高筋面粉、酵母、细砂糖、鸡蛋、盐、水和黄油倒进面包机中拌匀。

2 把奶油芝士、细砂糖和淡奶油倒入玻璃碗，搅拌均匀，制成芝士馅。

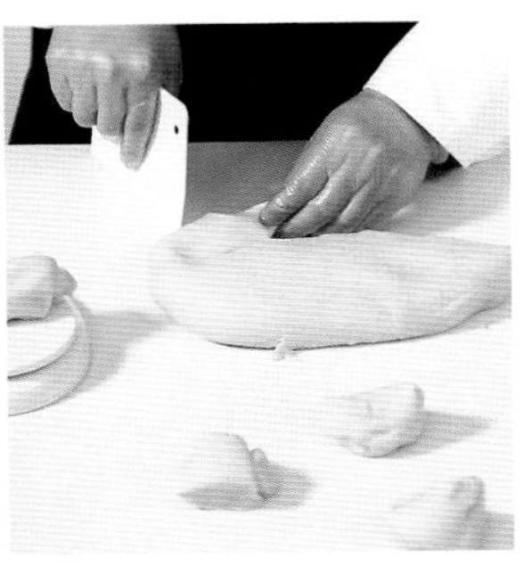

3 用刮板将制好的面团分割成每份约 70 克的小份，整形搓成圆形。

4 将面团压成面饼，用勺子把芝士馅裹进面团中。

5 将裹好馅料的面团并排放进抹了黄油的模具中，然后放入烤箱发酵约 40 分钟。

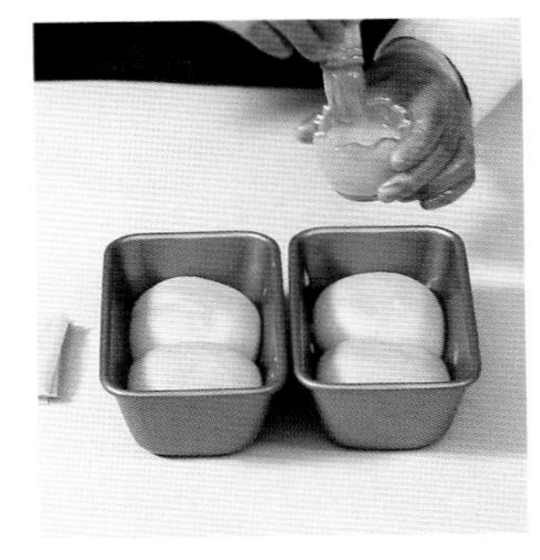

6 取出发酵好的面团，刷上蛋液，盖上芝士片，再筛上糖粉。

7 重新放入烤箱烘烤约 15 分钟，取出烤好的面包装盘即可。

黎老师，我想吃出芝士可以拉丝的感觉，要使用什么品种的芝士呢？

最常见的芝士就是 mozzarella，中文叫作马苏里拉奶酪，是意大利的一种淡芝士，经常用于做披萨。

红酒桂圆欧包

烤箱中层，上火 190℃，下火 170℃ 15 分钟 2 人份

工具 面包机 烤箱 印花纸 面粉筛

原料 高筋面粉 750 克 酵母 6 克 蜂蜜 12 毫升 牛奶 120 毫升 酸奶 120 克 红酒 260 毫升 桂圆干 90 克 蔓越莓干 100 克 黄油 35 克 盐 3 克 细砂糖 35 克

制作过程：

1. 备好的面包机中放入高筋面粉、红酒、牛奶、酸奶、蜂蜜、酵母、细砂糖、盐、黄油，搅拌均匀。
2. 再加入桂圆干和蔓越莓干，搅拌均匀成面团。
3. 把发酵好的面团分成每个 150 克的小份，搓成小球放在烤盘上，放入烤箱醒发约 40 分钟。
4. 将醒发好的面团取出，在面团上放入印花纸，再用面粉筛筛入面粉。
5. 把少许的面团放进预热好的烤箱中烘烤约 15 分钟，至面包表面金黄即可出炉。

芝欣芒果

烤箱中层，上火 170℃，下火 160℃　15 分钟　2 人份

工具

面包机
烤箱
擀面杖
刮板

原料

高筋面粉 500 克
改良剂 5 克
酵母粉 5 克
鸡蛋液 25 毫升
牛奶 275 毫升
芒果果泥 40 克
芒果干 50 克
黄油 30 克
细砂糖 30 克
盐 5 克

制作过程：

1 将高筋面粉、鸡蛋、细砂糖、黄油、牛奶、盐、酵母粉、改良剂、芒果果泥放入面包机，按下启动键进行和面。再加入芒果干，继续搅拌成面团。

2 将和好的面团放在砧板上，用刮板切分成若干个小面团，用手揉圆。

3 把面团用擀面杖擀成面饼，卷起来整成牛角形，放入烤箱中发酵 40 分钟。

4 取出面团用刷子刷上一层蛋液，放入烤箱，烤制 15 分钟。

5 烤好的面包拿出装盘即可。

丹麦面包

层次分明的丹麦面包，入口酥软，奶香浓郁，源于维也纳，又称『维也纳面包』。

烤箱中层，上火 190℃，下火 70℃　15 分钟　2 人份

工具

面包机
烤箱
擀面杖
刀
刷子
保鲜膜
冰箱

原料

高筋面粉 425 克
低筋面粉 105 克
酵母 7 克
鸡蛋 60 克
炼乳 75 克
黄油 50 克
片状酥油 150 克
提子干 100 克
盐 4 克
细砂糖 75 克
水 175 毫升
鸡蛋液适量

1 在面包机中依次放入水、鸡蛋、细砂糖、炼乳、低筋面粉、高筋面粉、酵母、盐、黄油，把材料搅拌成面团。

2 将面团取出，用擀面杖擀成片状后铺在盘中，用保鲜膜包好，放入冰箱冷冻半小时。

3 取出冷冻好的面团，包住片状酥油折叠起来。

4 将面团擀均匀，重复折叠三次。

5 用刀把丹麦面包皮整形切割成正方形后对半均分。

6 接着铺上提子干并卷成卷，再划痕装饰并放入烤盘，放入烤箱发酵约 40 分钟。

7 发酵后，再刷上鸡蛋液和撒上细砂糖。

8 把成形的面团放进预热好的烤箱中，烘烤 15 分钟，至面包表面金黄即可。

老师，我想问一下，一般我们在制作面包时和面有什么需要注意的吗？

一般和面的时候，由于不同的面粉吸水性不一样，所以配方里的水需要视面团的软硬程度酌情增减。

玲珑桥

烤箱中层，上火 190℃，下火 170℃　15 分钟　2 人份

工具

面包机
烤箱
擀面杖
齿形面包刀
奶油抹刀
量尺
刷子
玻璃碗
面粉筛

原料

面团：
高筋面粉 425 克
低筋面粉 105 克
酵母 7 克
盐 4 克
细砂糖 75 克
鸡蛋 60 克
炼乳 75 克
水 175 毫升
黄油 50 克

其他：
黑橄榄 70 克
奶油芝士 120 克
片状酥油 150 克
淡奶油 40 毫升
细砂糖 20 克
蛋糕坯适量
鸡蛋液适量
糖粉适量

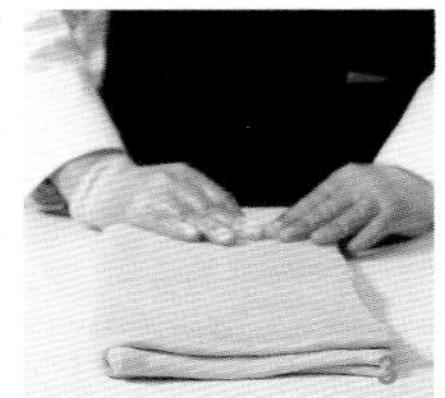

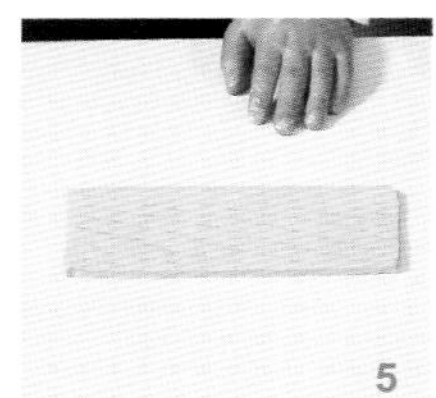

制作过程：

1 面团制作：把高筋面粉、低筋面粉、酵母、盐、细砂糖、鸡蛋、炼乳、水、黄油倒进面包机中充分搅拌均匀。

2 将制好的面团擀成片状铺在盘中，撒入少许面粉，放入冰箱冷冻半小时。

3 取出冷冻好的面团，将片状酥油放在面团中间，两边向内折叠，并用擀面杖擀均匀，再折叠三次，并擀均匀。

4 借助量尺，用齿形面包刀把丹麦皮整形切割成 12cm×22cm（皮）和 14cm×22cm（底）的两片片状。

5 将面皮拉伸成网状。

6 把底铺在烤盘上，在底的面上放上蛋糕坯。然后把细砂糖、奶油芝士和淡奶油倒入玻璃碗中搅拌均匀，制成芝士馅，用奶油抹刀抹在蛋糕上。

7 再铺上黑橄榄，用刷子在底的边缘和网皮上刷上水。

8 把网皮盖在底上并整理成形，然后放入烤箱醒发约 40 分钟，烤箱下层放一盘水，保持烤箱的湿度约 80%、温度约 30℃，醒发好后刷上鸡蛋液，再放入烤箱烘烤约 15 分钟。

9 最后取出烤好的玲珑桥放置一旁冷却，最后筛上糖粉即可。

黎老师，为什么面包内馅要放黑橄榄？

因为经过烘烤后，它能散发出沁人心脾的香味，再者又能点缀整块玲珑桥。

富士山

超软美味面包，
看似厚实，状如糕体，
却能体会到手撕面包的乐趣。

烤箱中层，上火 190℃，下火 170℃　15 分钟　3 人份

工具

电子秤
刮板
圆形模具
玻璃碗
长柄刮板
电动搅拌器
裱花袋
面粉筛
面包机、烤箱各 1 台

原料

面团：
高筋面粉 400 克
酵母 8 克
细砂糖 100 克
鸡蛋 100 克
盐 3 克
水 120 毫升
黄油 130 克

表皮 A：
蛋黄 130 克
细砂糖 140 克
低筋面粉 105 克
高筋面粉 100 克

表皮 B：
蛋清 220 克
细砂糖 70 克
糖粉少许

1 面团制作：把高筋面粉、酵母、细砂糖、鸡蛋、盐、水和黄油倒进面包机中拌匀。

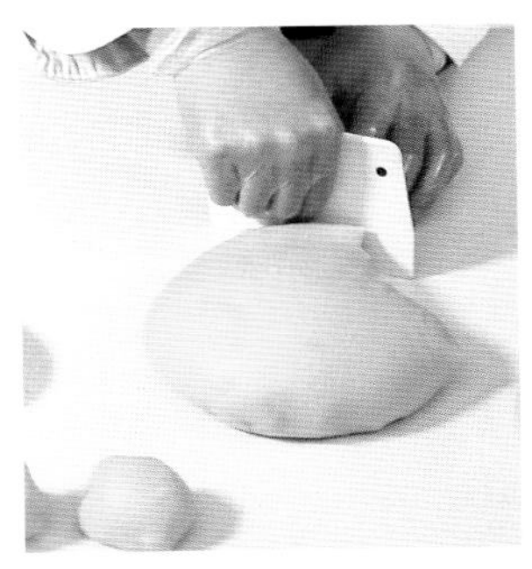

2 取出面团，用刮板将其分割成小份，并用电子秤称量，每份约120克。

3 将面团整形，然后搓成长条形并打结成团，放入内壁刷有黄油的圆形模具中，入烤箱发酵约40分钟。

4 将蛋黄和细砂糖放入玻璃碗，再加入高筋面粉和低筋面粉搅拌均匀，制成表皮A。

5 将蛋清和细砂糖倒入另一个玻璃碗，用电动搅拌器打至八成发，制成表皮B。

6 用长柄刮板把表皮A和表皮B翻拌均匀。

7 拌好后装入裱花袋，挤在发酵好的面团上，放入烤箱烘烤约15分钟。

8 取出烤好的面包，冷却后筛上糖粉即可。

黎老师，如果我喜欢吃甜一点，内馅可以放什么呢？

如果喜欢吃甜一点，可以放一些制好的红豆粒，喜欢奶香味多一点，可以放些许淡奶油。

司康饼

烤箱中层，上火 190℃，下火 160℃　15 分钟　5 人份

工具

玻璃碗
圆形模具
刮板
烘焙纸
刷子
擀面杖
烤箱

原料

低筋面粉 250 克
泡打粉 15 克
盐 3 克
细砂糖 45 克
黄油 60 克
淡奶油 185 毫升
提子干 40 克
鸡蛋液适量

制作过程：

1 把低筋面粉、泡打粉、盐、细砂糖倒入玻璃碗中搅拌，再往碗中倒入淡奶油拌匀。

2 加入黄油继续搅拌，接着将面团倒在案台上，用刮板对其进行揉搓。

3 把捏好的面团放回碗中，倒入提子干进行搅拌。将混合了提子干的面团放在案台上再次揉搓，直至面团表面光滑。

4 然后把面团擀成片状，用圆形模具压出形状，放入铺有烘焙纸的烤盘。

5 在小面饼表面刷上鸡蛋液，将烤盘放入预热好的烤箱中烘烤 15 分钟左右即可。

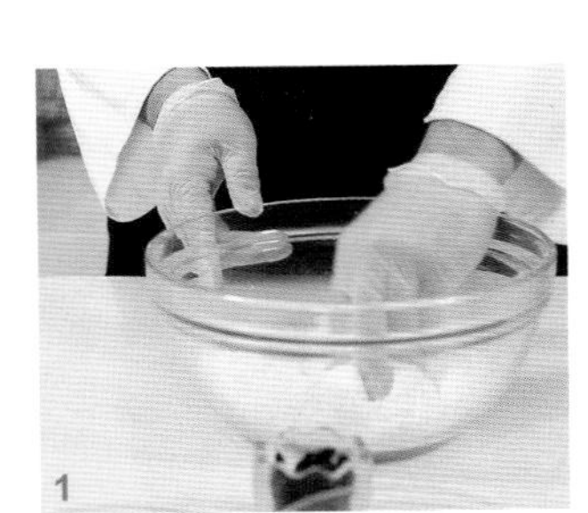

揉面时，不要过度揉捏，揉到面团表面光亮即可。过度揉捏会导致面筋生成过多，影响口感。

虎皮面包

面包上面覆上了一层金黄色的表皮，仔细观看，表皮上面还有些淡淡的暗纹，看似普通的面包，味道却超乎你的想象。

烤箱中层，上火 190℃，下火 170℃　15 分钟　2 人份

工具

面包机
烤箱
玻璃碗
裱花袋
搅拌器
长柄刮板
刀
勺子

原料

面团：
高筋面粉 400 克
酵母 8 克
细砂糖 100 克
鸡蛋 100 克
盐 3 克
水 120 毫升
黄油 130 克

表皮：
蛋黄 3 个
细砂糖 30 克
柠檬汁 15 毫升
低筋面粉 50 克
玉米淀粉 15 克
色拉油 10 毫升
巧克力酱 10 克

芝士馅：
奶油芝士 125 克
细砂糖 60 克
淡奶油 20 毫升

1 面团制作：把高筋面粉、酵母、细砂糖、鸡蛋、盐、水和黄油倒进面包机中拌匀。

2 芝士馅制作：把奶油芝士、细砂糖和淡奶油倒入玻璃碗中搅拌均匀，制成芝士馅。

3 将拌好的面团分割成每份约70克的小份，搓成圆形后压成面饼，用勺子把芝士馅裹进面团中。

4 将做好的面团放入烤箱发酵约40分钟，烤箱下层放一盆水保持烤箱的湿度约80%、温度30℃左右。

5 表皮制作：把鸡蛋和细砂糖倒入玻璃碗，用搅拌器搅拌匀，加入柠檬汁、玉米淀粉、低筋面粉和色拉油。

6 拌好之后用长柄刮板装入裱花袋中（留少许在盆中），挤在发酵好的面团上。

7 把剩下的面糊加入巧克力酱搅拌均匀并装入另一裱花袋中，挤在面团上，用刀在表面划痕装饰。

8 最后放入烤箱烘烤约15分钟，取出烤好的面包装盘即可。

黎老师，怎样可以让面团快速发酵？

一种方法是将面团放入器皿中，盖上湿布。另外一种方法是放入烤箱，启动发酵功能，注意要放入少许水增加湿度。

咖啡雪球

烤箱中层，上火 165℃，下火 145℃　15 分钟　4 人份

工具

烤箱
电动搅拌器
长柄刮板
面粉筛
勺子
烘焙纸
玻璃碗

原料

黄油 100 克
糖粉 50 克
咖啡粉 5 克
低筋面粉 150 克

制作过程：

1. 烤箱通电，以上火 165℃、下火 145℃进行预热。
2. 把黄油倒入玻璃碗，用电动搅拌器打散，加入糖粉继续搅拌。
3. 加入咖啡粉搅拌，再加入低筋面粉，用长柄刮板搅拌均匀。
4. 把面团揉成若干个小球，放进垫有烘焙纸的烤盘中，用勺子压一下整形。
5. 在面团表面筛上糖粉，把烤盘放进预热好的烤箱中烘烤约 15 分钟即可。

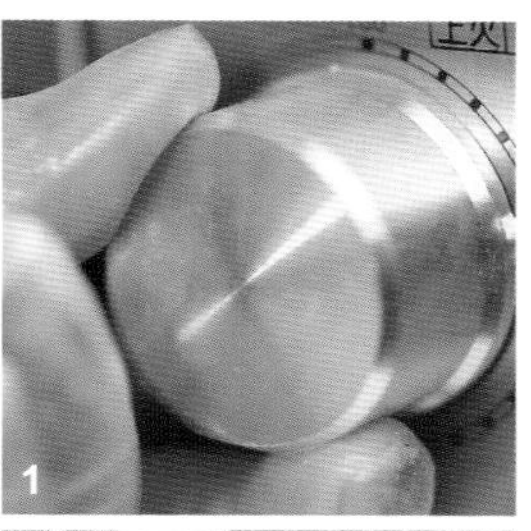

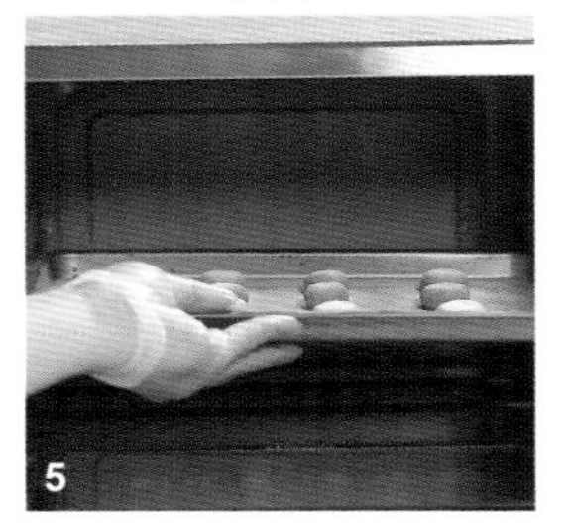

核桃派

健脑润肤的核桃，
以别样的方式呈现，
在惊讶之余，是不是也有跃跃欲试的冲动呢？

烤箱中层，上火 180℃，下火 160℃　30 分钟　3 人份

工具

烤箱
擀面杖
玻璃碗
刮板
派模
搅拌器
勺子

原料

派皮：
黄油 100 克
面粉 170 克
水 90 毫升

派馅：
白砂糖 50 克
黄油 37 克
蜂蜜 25 毫升
麦芽糖 62 克
核桃仁 250 克
提子 100 克

1 派皮制作一：把黄油倒入玻璃碗中，搅散后分多次加入水进行搅拌。

2 派皮制作二：加入面粉搅拌均匀。

3 派皮制作三：把做好的派皮压入派模中，用刮板刮去剩余的派皮，再用擀面杖将其擀成条状，绕派模内壁一圈。

4 派皮制作四：将派模放入烤盘中并将烤盘放入预热好的烤箱中烘烤 15~18 分钟左右，取出。

5 派馅制作一：把蜂蜜、麦芽糖、黄油、白砂糖倒入碗中加热，用搅拌器搅拌均匀。

6 派馅制作二：倒入核桃仁和提子，搅拌，做成派馅倒入玻璃碗中。

7 用勺子把派馅放入烤好的派皮中，将派继续放入烤箱中烤约 15 分钟。

8 取出烤好的派装盘即可。

黎老师，如果家里没有麦芽糖的话，还能用什么进行代替？

我们也可以用白砂糖熬制成糖浆，但制作速度要快，不然糖会很快凝固成固体。

提子奶酥

烤箱中层，上火 180℃，下火 160℃ 20 分钟 4 人份

工具

玻璃碗
烘焙纸
刷子
刀
烤箱

原料

糖粉 50 克
提子 50 克
黄油 100 克
低筋面粉 150 克
表面刷液：全蛋液适量

制作过程：

1. 把黄油和糖粉倒入玻璃碗中，用手充分搅拌均匀。
2. 倒入低筋面粉和提子继续搅拌，直到充分混合。
3. 将面团分成重约 20 克的小面团，放置在垫有烘焙纸的烤盘中，压成圆饼。
4. 刷上全蛋液，并用刀划上网状图案装饰。
5. 把烤盘放进预热好的烤箱中，烘烤约 20 分钟即可。

起司方块

烤箱中层，上火 200℃，下火 100℃　10 分钟　2 人份

工具
搅拌器
不锈钢盆
勺子
烤箱

原料
黄油 100 克
芝士 60 克
淡奶油 200 毫升
糖粉 70 克
腰果 50 克
吐司若干片

制作过程：

1. 把淡奶油、糖粉、黄油和芝士放入不锈钢盆中加热，用搅拌器搅拌均匀，制成原料酱。
2. 把吐司蘸上拌好的原料酱。
3. 在吐司表面撒上腰果，再用勺子淋上原料酱，放入烤盘中。
4. 把烤盘放入预热好的烤箱中烘烤约 10 分钟左右。
5. 取出烤好的起司装盘即可。

抹茶派

放眼望去，一片绿意盎然的画面，冲击眼球。入口当下也是你无法想象的美味。

烤箱中层，上火 180℃，下火 160℃　30 分钟　3 人份

工具

派模
刮板
面粉筛
玻璃碗
擀面杖
剪刀
裱花袋
烤箱

原料

派底：
面粉 340 克
黄油 200 克
水 90 毫升

派心：
低筋面粉 30 克
鸡蛋 50 克
细砂糖 50 克
抹茶粉 15 克
黄油 50 克
杏仁粉 50 克

装饰

糖粉适量
蓝莓适量
淡奶油 100 毫
抹茶粉 30 克

1 派底制作一：把黄油、水、面粉倒入玻璃碗中，搅拌均匀。

2 派底制作二：将派底原料搅拌均匀后，放在案台上用擀面杖擀成面饼，用刮板刮去剩余部分，然后装入派模整形。

3 派底制作三：将剩余的材料擀成条状，绕派模内部一圈，并将派模放进烤箱烘烤约15分钟。

4 派心制作：把派心原料倒进玻璃碗中搅拌均匀。

5 用剪刀在烤好的派底底部打孔排气。

6 将做好的派心用裱花袋挤进烤好的派底中，放在烤盘，移入烤箱烘烤约15分钟。

7 取出烤好的派后脱模冷却，在冷却好的派上筛上糖粉，挤上六成发的淡奶油。

8 最后再筛上抹茶粉，用蓝莓装饰即可。

黎老师，六成发的奶油是要打发到什么程度才可以？

六成发的程度是将容器倾斜时里面的奶油还会有些许的流动，这样的奶油整体也不会太稠。

甜心巧克力

烤箱中层，上火 180℃，下火 160℃ 20 分钟 3 人份

工具

擀面杖
剪刀
派模
长柄刮板
搅拌器
电动搅拌器
不锈钢盆
面粉筛
玻璃碗
刮板
烤箱

原料

派底：
黄油 80 克
糖粉 45 克
低筋面粉 137 克
可可粉 10 克
蛋黄 15 克

派心：
淡奶油 500 毫升
巧克力 200 克
牛奶 80 毫升
吉利丁 15 克
朗姆酒 10 毫升

装饰

可可粉少许
巧克力碎少许
樱桃少许

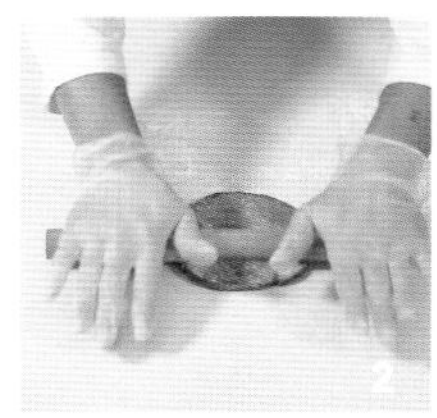
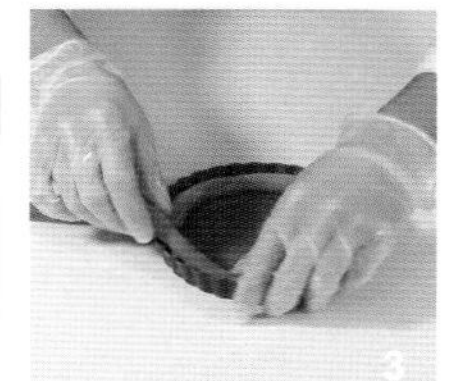

制作过程：

1 把黄油、糖粉倒入玻璃碗中搅拌，再加入蛋黄、可可粉、低筋面粉搅拌均匀。

2 将原料搅拌均匀后，在案台上用擀面杖擀成面饼，然后装入派模用刮板进行整形。

3 将剩余的材料擀成条状，绕派模内部一圈。

4 把派底部用剪刀扎上小孔，放进烤箱烘烤约20 分钟，取出冷却。

5 把牛奶、巧克力、朗姆酒、软化后的吉利丁倒入不锈钢盆中，隔水加热，用搅拌器搅拌均匀，做成巧克力酱。

6 用电动搅拌器将淡奶油打至五成发。

7 用长柄刮板把打发好的淡奶油和巧克力酱翻拌均匀。

8 把派心倒进冷却好的派底中静置约 15 分钟。

9 在派上筛上可可粉，用巧克力碎、樱桃等进行装饰即可。

吉利丁为什么要先用冰水软化呢？普通的水不行吗？

为了保证它不溶化，我们必须用冰水对其进行软化。

苦瓜派

苦瓜也能拿来做烘焙？出乎意料的搭配带来想象不到的味道。单一的苦涩在烘烤之后，已化为美味可口的派甜点。

烤箱中层，上火 200℃，下火 120℃　15 分钟　2 人份

工具

烤箱
刷子
刀
裱花袋

原料

黄椒 50 克
红椒 50 克
洋葱 50 克
马苏里拉芝士 60 克
胡椒 5 克
蛋黄酱 20 克
芝士片 20 克
色拉油 10 毫升
盐 5 克
苦瓜 1 根

1 把苦瓜对半切开，去除心。

2 把黄椒、红椒、洋葱切成丁，芝士片切成条。

3 蛋黄酱装入裱花袋中，挤在苦瓜内部。

4 在苦瓜中心铺上蔬菜和芝士条，再撒上胡椒和盐。

5 刷上色拉油，接着撒上马苏里拉芝士。

6 再挤上蛋黄酱装饰。

7 把苦瓜派放进烤箱中烘烤约 15 分钟。

8 取出烤好的派装盘即可。

黎老师，有没有什么办法在制作过程中降低苦瓜的苦味呢？

在进行烘焙之前，我们可以稍微撒一些盐，或者多放一些蛋黄酱和芝士片，这样能够降低苦瓜的苦味。

蓝莓派

烤箱中层，上火 180℃，下火 160℃　35 分钟　3 人份

工具

擀面杖
派模
长柄刮板
裱花袋
玻璃碗
剪刀
烤箱

原料

派底：
面粉 340 克
黄油 200 克
水 90 毫升

派心：
芝士 190 克
细砂糖 75 克
鸡蛋 50 克
淡奶油 150 毫升

装饰

蓝莓 70 克

制作过程：

1 把派底原料倒进玻璃碗中，用长柄刮板搅拌均匀后放进派模，再用擀面杖对派底擀面整形。

2 将派底放在烤盘中，用剪刀在派底部打孔排气，将烤盘放进烤箱烘烤约 15 分钟，取出。

3 把派心原料全部倒入另一玻璃碗中，搅拌均匀。

4 用裱花袋把搅拌好的派心挤入烤好的派底中，然后把派放进烤箱中烘烤约 20 分钟。

5 取出烤好的派，冷却后铺上蓝莓装盘即可。

1

2

3

4

5

蓝莓酱可以自己在家制作，用搅拌机将蓝莓打成泥，放入锅中加入适量的糖，熬制成糖和蓝莓泥充分混合均匀即可。

千丝水果派

色彩斑斓的水果派，以不同的果肉嵌入其中，味道也如同颜色一般多样。

烤箱中层，上火 180℃，下火 160℃　40 分钟　3 人份

工具
玻璃碗
擀面杖
刮板
长柄刮板
派模
刀
烤箱

原料

派底：
面粉 340 克
黄油 200 克
水 90 毫升

派心：
鸡蛋 75 克
细砂糖 100 克
低筋面粉 200 克
肉桂粉 1 克
胡萝卜丝 80 克
菠萝干 70 克
核桃 60 克
黄油 50 克

装饰
新鲜水果（草莓、蓝莓、红加仑、樱桃等）适量

1 把黄油、水、面粉倒入玻璃碗中，边倒边搅拌均匀。

2 将派底原料拌匀后，放在案台上用擀面杖擀成面饼，用刮板刮去剩余部分，然后进行整形。

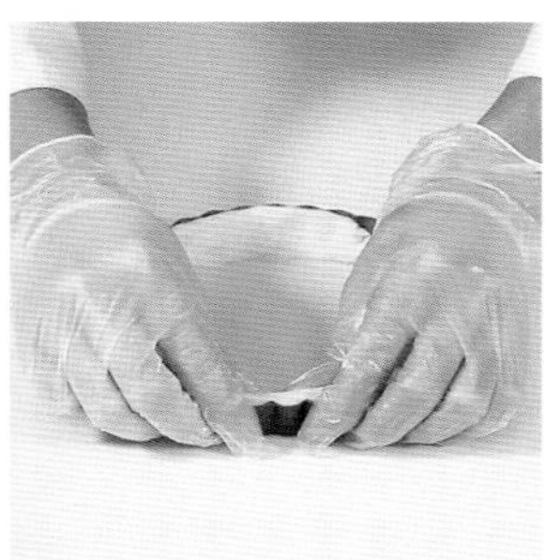

3 将剩余的面团擀成条状，然后绕派模内部一圈，并将派模放进烤箱烘烤约 15 分钟。

4 把黄油、细砂糖、鸡蛋倒入玻璃碗中拌匀，再倒入低筋面粉、胡萝卜丝、肉桂粉、菠萝干、核桃，搅拌均匀。

5 派底烤好后取出，用长柄刮板将派心放进烤好的派底中。

6 用刀整平表面后将烤盘放进烤箱烘烤约 25 分钟。

7 取出烤好的派，冷却后用新鲜水果装饰即可。

黎老师，很多人都不是很喜欢肉桂粉的味道，那派心中放肉桂粉是起什么作用呢？

肉桂粉不仅可以提香，还对人体有很多的好处，比如降血糖、降血脂等。

葡式蛋挞

烤箱中层，上火 180℃，下火 160℃　20 分钟　2 人份

工具

搅拌器
不锈钢盆
面粉筛
塑料杯
烤箱
蛋挞托若干

原料

鲜奶油 100 毫升
糖粉 70 克
淡奶油 200 毫升
鸡蛋 100 克
芝士片 30 克
挞皮适量

制作过程：

1. 把鲜奶油、糖粉、芝士片倒入不锈钢盆中加热，用搅拌器搅拌均匀。
2. 加淡奶油继续搅拌，再加入鸡蛋搅拌均匀。
3. 将蛋奶液过筛到塑料杯中，然后把过筛好的蛋奶液倒入挞皮。
4. 将放有蛋挞的烤盘放入预热好的烤箱中烘烤约 20 分钟。
5. 取出烤好的蛋挞装盘即可。

因为挞皮经过烘烤会膨胀，所以蛋挞水不能够装得过满，七分满左右即可。

柠檬挞

被柠檬片掩盖的挞杯之下，
是香甜厚实的软馅。
闻着柠檬的清香，
那一抹倦意也悄然退散。

烤箱中层，上火 180℃，下火 160℃　20 分钟　4 人份

工具
派模
刮板
面粉筛
玻璃碗
擀面杖
剪刀
裱花袋
烤箱

原料

挞皮：
黄油 50 克
糖粉 50 克
鸡蛋 20 克
泡打粉 1 克
低筋面粉 100 克

挞馅：
牛奶 20 毫升
糖粉 20 克
柠檬汁 20 毫升
柠檬果肉 15 克
黄油 25 克
水 40 毫升
蛋黄液 15 毫升

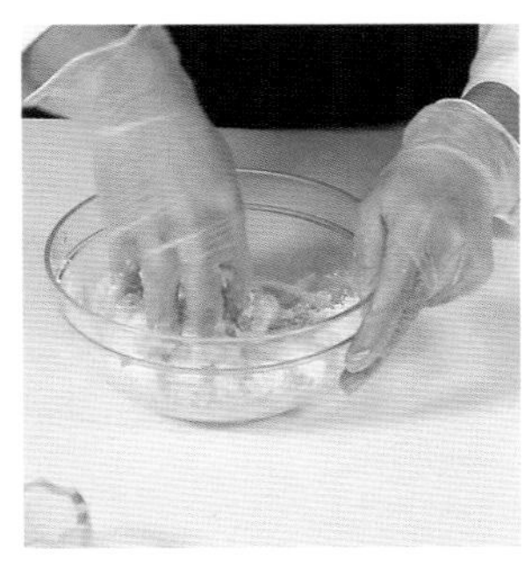

1 把黄油、糖粉、鸡蛋放入玻璃碗中搅拌均匀。

2 再加入低筋面粉和泡打粉搅拌均匀，制成挞皮。

3 把做好的挞皮压入模具的内壁。

4 把牛奶、水、糖粉、黄油倒入不锈钢盆加热，用搅拌器搅拌匀，加入柠檬果肉、柠檬汁和蛋黄液拌匀。

5 把调好的馅倒入塑料杯，再倒入挞皮。

6 将柠檬切片盖在挞馅上。

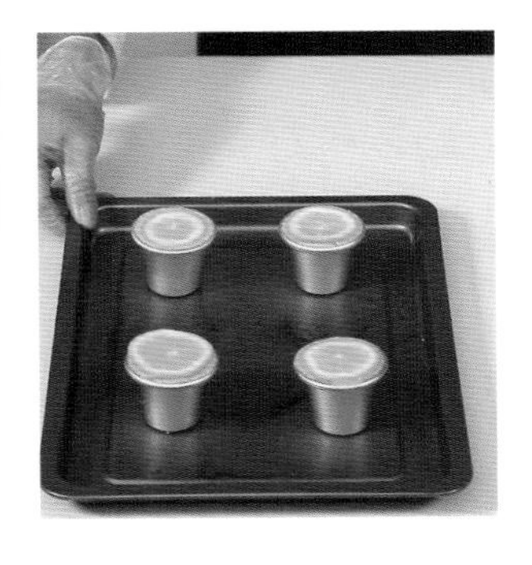

7 将模具放在烤盘中，并将烤盘放入预热好的烤箱中烘烤约20分钟。

8 柠檬挞烤好后将其取出装盘即可食用。

黎老师，这种挞杯可以用挞托代替吗？

当然可以，只不过做出来样子不一样而已。

Part 3

Popular Baking

烘焙教父的流行烘焙

烘焙，紧跟潮流步伐

现在，越来越多的人都在享用烘焙糕点。
或是早餐时分，或是下午茶时分，人们的生活多多少少都渗入了烘焙的痕迹。
像先前所说的那样，只要你愿意动手，没有什么是难事，烘焙也是如此。
这一章主要罗列了烘焙门店最具人气的烘焙品类，贴近烘焙爱好者的喜好，
为大家一一讲解这些烘焙成品的做法。

巧克力核桃曲奇

烤箱中层，上火 165℃，下火 145℃　25 分钟　4 人份

工具

烤箱
擀面杖
烘焙纸
刀
冰箱

原料

低筋面粉 225 克
糖粉 125 克
黄油 150 克
可可粉 15 克
核桃 150 克

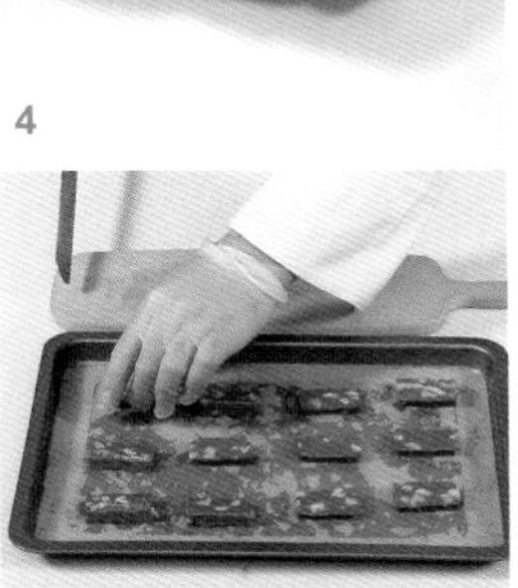

制作过程：

1. 烤箱通电，以上火 165℃、下火 145℃进行预热。

2. 把低筋面粉、糖粉、可可粉和黄油倒入玻璃碗搅拌均匀。

3. 加入核桃搅拌均匀，把面团放到案台上用擀面杖整形。

4. 将整形好的面团用烘焙纸包裹好，放入冰箱冷冻 10 分钟。

5. 取出面团，用刀切割成片状小块，放入垫有烘焙纸的烤盘中烘烤约 15 分钟即可。

蔓越莓酥条

这是一款简单易做的饼干，倘若材料充裕，可以做多一些冷藏在冰箱里，吃的时候可以直接切片烘烤。

烤箱中层，上火 180℃，下火 160℃　16~18 分钟　4 人份

工具

玻璃碗
长柄刮板
刮板
砧板
烤箱
冰箱
刀

原料

低筋面粉 80 克
黄油 40 克
细砂糖 40 克
蛋黄 25 克
蔓越莓干 30 克
泡打粉 1 克
盐 2 克

1 将软化后的黄油用长柄刮板刮入玻璃碗中，然后加入细砂糖拌匀。

2 往碗中加入打散的蛋黄搅拌，接着加入盐继续搅拌。

3 接着往蛋糊中加入低筋面粉和泡打粉，搅拌均匀。

4 在面糊中加入适量切碎的蔓越莓干。

5 将面糊揉成柔软的面团放在砧板上，再用刮板按压成厚约2厘米的长方形面片。

6 将面片放入冰箱冷冻半个小时以上，直到面皮变硬方可取出。

7 用刀将变硬的面片切成厚度一致的小条。

8 将生坯摆放在垫好烘焙纸的烤盘上，放入预热好的烤箱中，烘烤16~18分钟，至小条表面呈现金黄色即可。

黎老师，为了节省时间，我可以把材料一次性混合在一起搅拌吗？

烘焙中对于材料混合搅拌之所以要分多次进行，是为了让材料与材料之间更好地融合。

白巧克力曲奇

烤箱中层，上火 170℃，下火 160℃　18 分钟　6 人份

工具
玻璃碗
长柄刮板
裱花袋
烘焙纸
烤箱

原料
低筋面粉 100 克
黄油 55 克
鸡蛋 25 克
白巧克力 60 克
泡打粉 2 克

制作过程：

1. 将软化后的黄油倒入玻璃碗中，加入鸡蛋搅拌均匀。
2. 往蛋油糊中加入溶化的白巧克力进行搅拌。
3. 加入低筋面粉拌匀后，再加入泡打粉充分搅拌。
4. 用长柄刮板将面糊装入裱花袋，挤到铺好烘焙纸的烤盘上。
5. 将烤盘放入预热好的烤箱中，烘烤约 18 分钟，直到表面呈现金黄色即可出炉。

玛格丽特饼干

烤箱中层，上火 180℃，下火 160℃　20 分钟　5 人份

工具

玻璃碗
长柄刮板
烤箱

原料

低筋面粉 100 克
玉米淀粉 100 克
黄油 120 克
熟蛋黄 2 个
盐 3 克
糖粉 60 克

制作过程：

1 用长柄刮板将软化的黄油刮入玻璃碗中，倒入糖粉搅拌至颜色稍变浅，呈膨松状。

2 倒入熟蛋黄搅拌均匀后，再加入盐继续搅拌。分别加入低筋面粉和玉米淀粉拌匀，用手揉成面团。

3 将面团取一小块，揉成小圆球放入烤盘，用大拇指按扁。按扁的时候，饼干会出现自然的裂纹。

4 依次做好所有的小饼，放入预热好的烤箱中，烘烤约 20 分钟，烤至边缘稍微焦黄即可。

坚果巧克力能量块

不同的果仁掺和在小小的饼干内，健康营养十足，满满的高热量，适时地吃上一口，补充流失的能量。

烤箱中层，上火 180℃，下火 160℃　20 分钟　3 人份

工具
玻璃碗
刀
烤箱
砧板

原料
燕麦片 100 克
黄油 60 克
巧克力豆 10 克
杏仁 15 克
腰果 15 克
低筋面粉 30 克
细砂糖 10 克

1 将软化的黄油和细砂糖倒入玻璃碗中搅拌。

2 把巧克力豆、杏仁、腰果倒入碗中一并搅拌均匀。

3 加入燕麦片、低筋面粉进行搅拌。

4 将拌匀的混合物取出，然后整形成长方块，压实。

5 用刀将其均匀分块。

6 将切好块的能量块放进烤盘并放入预热好的烤箱中，烘烤约 20 分钟至表面金黄色。

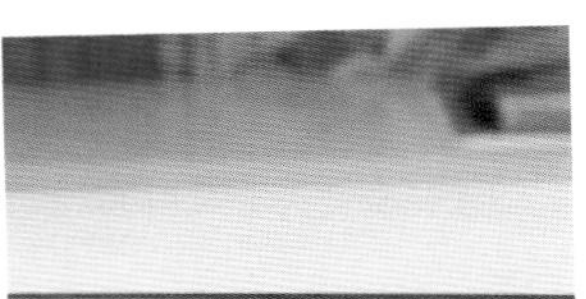

7 烘烤完成后，打开烤箱取出烤盘即可。

黎老师，黄油一定要软化吗？

对于固体油脂而言，在过硬或过软的状态下，空气都不能充斥其中，所以要让黄油软化。

意大利杏仁脆饼

烤箱中层，上火 180℃，下火 160℃ 15 分钟 5 人份

工具

玻璃碗
电动搅拌器
长柄刮板
模具
烘焙纸
烤箱

原料

面糊：
杏仁粉 100 克
黄油 70 克
细砂糖 40 克
全蛋 50 克
蛋黄 50 克
低筋面粉 35 克
可可粉 15 克
盐 2 克
杏仁片 80 克

蛋白霜：
蛋白 50 克
柠檬汁 1 毫升
细砂糖 40 克

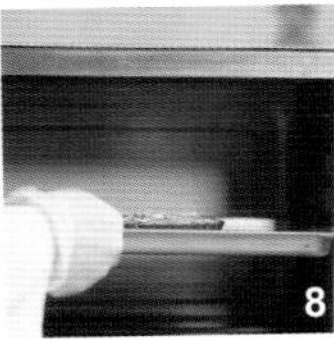

制作过程：

1. 将黄油和细砂糖倒入玻璃碗中搅拌均匀。
2. 加入全蛋拌匀，然后倒入蛋黄进行搅拌，再倒入盐进行搅拌。
3. 加入低筋面粉搅拌，再加入杏仁粉搅拌。
4. 加入可可粉进行搅拌，然后加入杏仁片拌匀后静置待用。
5. 把蛋白和细砂糖倒入另一个玻璃碗中，用电动搅拌器打出一些泡沫，然后加入柠檬汁打出尾端挺立的蛋白霜。
6. 把打好的蛋白霜大致分成两半，将一半份量的蛋白霜混入面糊中，用长柄刮板沿着盆边以翻转及切拌的方式拌匀，再将剩下的蛋白霜倒入面糊中混合均匀。
7. 将拌好的面糊倒入模具中，然后把杏仁片均匀撒在面糊上。
8. 将面糊放入已经预热好的烤箱中烘烤约 10 分钟。
9. 把烤至半干状态的饼干取出，稍微放凉后切成块状。
10. 将切好的饼干切面朝上放入铺有烘焙纸的烤盘，饼干之间留些空隙。
11. 烤好的饼干再度放入烤箱烘烤 5 分钟至完全干燥即可。

黎老师，我可以将饼干一次性烘烤完吗？

杏仁脆饼之所以要分两次烘烤，是为了饼干定型和烘干其中的水分。一次性烘烤饼干的话，不容易将饼干分块，影响后续制作流程。

巧克力脆棒

颗粒分明的巧克力豆被饼干紧紧包裹，形状如手指饼干一样呈条状，但味道却比单纯的手指饼干要丰富。

烤箱中层，上火 180℃，下火 160℃　18 分钟　5 人份

工具

玻璃碗
长柄刮板
刮板
砧板
烤箱
冰箱
刀

原料

黄油 75 克
细砂糖 50 克
鸡蛋 1 个
低筋面粉 110 克
可可粉 10 克
泡打粉 1 克
巧克力豆 25 克

1 用长柄刮板将软化后的黄油刮入玻璃碗中，然后加入细砂糖拌匀。

2 将鸡蛋加入黄油中，搅拌好后呈乳膏状，再加入低筋面粉。

3 将面糊翻拌均匀后加入可可粉拌匀，接着再倒入泡打粉进行搅拌。

4 加入巧克力豆拌匀，制成面团。

5 将面团揉成长条，放在砧板上，然后用刮板按压成长方块。

6 将制好的长方块面团入冰箱冷冻约 20 分钟。

7 面团变硬后，切成厚片状，排放在垫有烘焙纸的烤盘上，中间预留空隙。

8 将烤盘放入预热好的烤箱中烘烤约 18 分钟即可。

黎老师，面团一定要放进冰箱冷冻吗？

冷冻过后的面团方便我们切片，如果面团不冷冻，切起来不易成形且面团容易黏刀具。

原味马卡龙

烤箱中层，上火 180℃，下火 160℃ 8 分钟 4 人份

工具

电动搅拌器
长柄刮板
玻璃碗
裱花袋
烤箱
烘焙纸

原料

杏仁粉 60 克
糖粉 125 克
蛋白 50 克
淡奶油 30 毫升

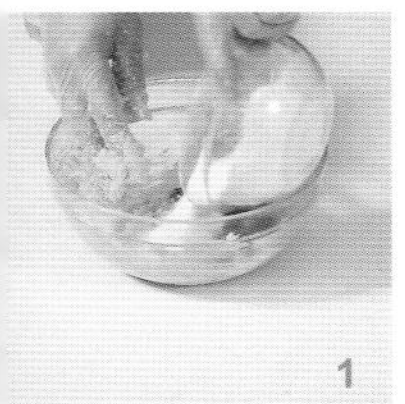

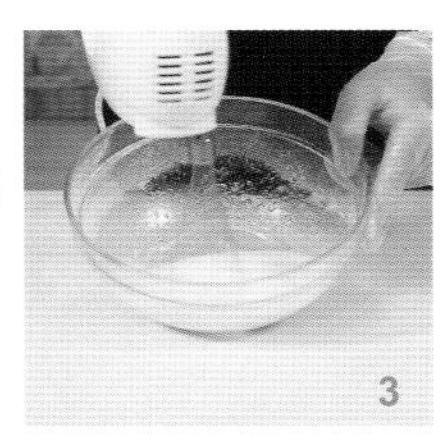

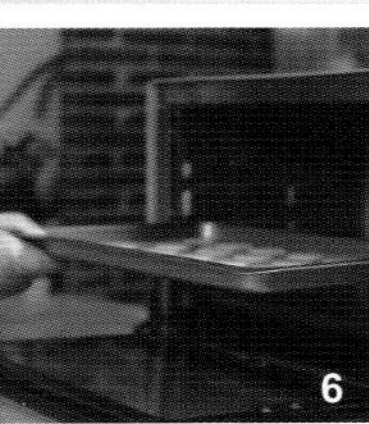

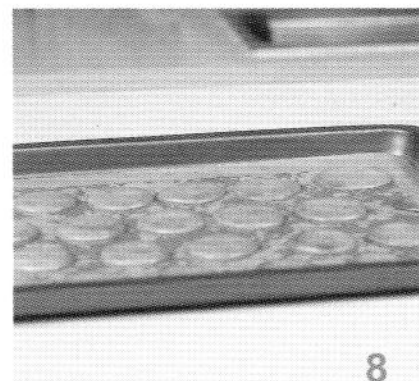

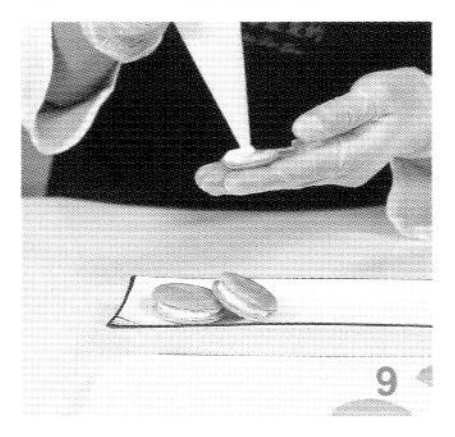

制作过程：

1. 将杏仁粉和 105 克糖粉倒入玻璃碗中混合，用搅拌器打成细腻的粉末。

2. 倒入 20 克蛋白，用长柄刮板反复搅拌，使得杏仁糖粉和蛋白完全混合，如果其中有颗粒的话，可以用刮板反复压几下，直到其中的混合物变得细腻。

3. 另置一玻璃碗，倒入30克蛋白和20克糖粉，用电动搅拌器打发至可以拉出直立的尖角。

4. 将打好的蛋白加入到杏仁糊中搅拌均匀，使其变得浓稠，每一次翻拌都要迅速地从下往上翻拌，不要画圈搅拌。

5. 将面糊装入裱花袋，挤到铺有烘焙纸的烤盘上，慢慢摊开。

6. 将烤盘放入预热好的烤箱中，烘烤约 8 分钟。

7. 打发淡奶油。

8. 将烤好的面饼放到一边待其冷却。

9. 把打发好的淡奶油放入裱花袋中，然后将其挤在两片面饼中间，将面饼捏起来即可。

黎老师，搅拌面糊的时候，为什么不能画圈搅拌？

由于画圈搅拌是顺着一个方向搅拌，容易加快面筋的形成，影响马卡龙的口感，而上下翻拌能够打破面筋的形成，保持其口感。

海绵小西饼

烤箱中层，上火 180℃，下火 160℃　8~12 分钟　4 人份

工具

玻璃碗
搅拌器
电动搅拌器
长柄刮板
烘焙纸
裱花袋
烤箱

原料

蛋黄面糊：
蛋黄 25 克
细砂糖 5 克
色拉油 10 毫升
牛奶 10 毫升
朗姆酒 1 毫升
低筋面粉 20 克

蛋白霜：
蛋白 25 克
柠檬汁 1 毫升
细砂糖 15 克

奶油馅：
黄油 30 克
细砂糖 10 克
朗姆酒 1 毫升

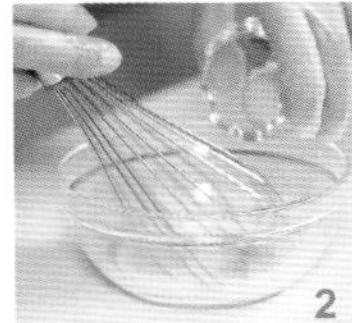

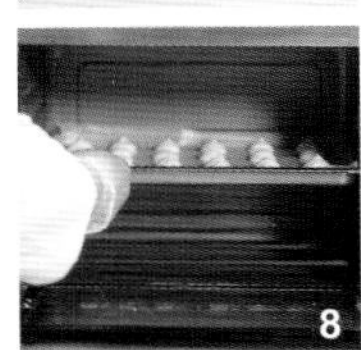

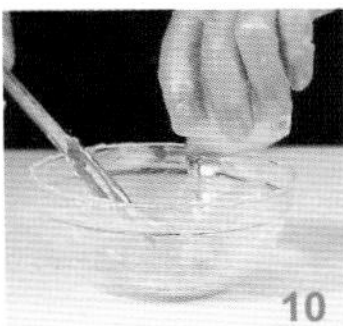
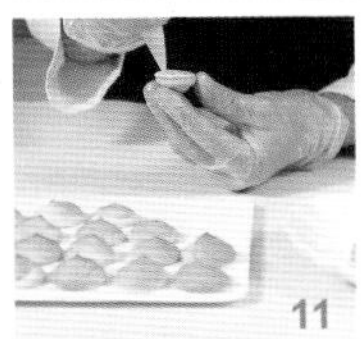

制作过程：

1. 蛋黄面糊制作一：将牛奶、色拉油倒入玻璃碗中搅拌均匀，再将朗姆酒倒入继续搅拌。
2. 蛋黄面糊制作二：往奶浆中加入蛋黄拌匀。
3. 蛋黄面糊制作三：加入细砂糖搅拌均匀，再把低筋面粉倒入，用搅拌器搅拌成无粉粒的面糊。
4. 蛋白霜制作：另置一玻璃碗，倒入蛋白和细砂糖，用电动搅拌器搅拌，将柠檬汁倒入，继续搅打成微端稍微弯曲的蛋白霜。
5. 将蛋白霜分 2 次倒入拌匀的面糊中，用长柄刮板由下而上翻转的方式搅拌均匀。
6. 将混合完成的面糊装入裱花袋中。
7. 将面糊挤在铺好烘焙纸的烤盘上，间隔整齐挤上圆形面糊。
8. 将烤盘放入已经预热好的烤箱中烘烤 8~12 分钟，至饼干表面呈现黄色。
9. 奶油馅制作一：把黄油和细砂糖倒入玻璃碗中，将其搅拌成乳霜状。
10. 奶油馅制作二：加入朗姆酒继续搅拌均匀后制成奶油馅。
11. 把烤好的饼干取出完全放凉，再将奶油馅挤在两片饼干中间夹起来即可。

黎老师，材料中所用的朗姆酒可以用其他酒类代替吗？

如果没有朗姆酒，可以用白兰地代替，但味道上并不能完全取代朗姆酒。

香醇巧克力蛋糕

这是一款口感非常松软的巧克力蛋糕，糕体中以巧克力豆点缀，使蛋糕口感更加浓醇丰富。

烤箱中层，上火 175℃，下火 175℃　25 分钟　3 人份

工具

烤箱
电动搅拌器
玻璃碗
长柄刮板
蛋糕模具

原料

低筋面粉 85 克
可可粉 20 克
黄油 90 克
细砂糖 70 克
鸡蛋 80 克
泡打粉 2.5 克
巧克力豆 50 克
牛奶 80 毫升
糖粉少许

1 将黄油放入玻璃碗，加入细砂糖，用电动搅拌器打发至质地蓬松。

2 加入鸡蛋后继续打发，一直打到体积明显变大，颜色变浅，鸡蛋和黄油完全融合，呈现蓬松细滑的状态为止。

3 加入牛奶，牛奶只需要倒入碗里即可，不要搅拌。

4 依次加入低筋面粉、可可粉、泡打粉，用电动搅拌器搅拌均匀。

5 将拌匀后的原料倒入蛋糕模具内，用长柄刮板使粉类、牛奶和黄油完全混合均匀，成为湿润的面糊。

6 将巧克力豆倒入面糊中，再次搅拌均匀，由此制成蛋糕面糊。

7 将模具放在烤盘上，然后移入预热好的烤箱烘烤 25 分钟。

8 取出烤好的蛋糕，在其表面撒上糖粉即可。

黎老师，我可以不用蛋糕模具，使用独立的蛋糕纸杯烤焙吗？

如果是使用独立纸杯烘烤的话，因为纸杯的支撑力不够，面糊就不能够挤得太满，挤到六七分满就够了。

戚风蛋糕

烤箱中层，上火 170℃，下火 160℃　20 分钟　5 人份

工具
烤箱
玻璃碗
搅拌器
电动搅拌器
长柄刮板
蛋糕模具

原料
蛋黄 4 个
细砂糖 100 克
色拉油 45 毫升
牛奶 45 毫升
低筋面粉 70 克
泡打粉 1 克
盐 1 克
蛋白 4 个
柠檬汁 1 毫升

制作过程：

1. 烤箱通电，以上火 170℃，下火 160℃进行预热。
2. 将色拉油、牛奶和 20 克细砂糖倒入玻璃碗中，用搅拌器搅拌均匀。
3. 加入蛋黄搅拌均匀，接着加入盐搅拌均匀，然后加入泡打粉拌匀。
4. 加入低筋面粉，并用搅拌器搅拌均匀至无面粉小颗粒。
5. 另置一玻璃碗，倒入蛋白，加入 80 克细砂糖，用电动搅拌器打至硬性发泡后，加入柠檬汁继续搅拌。
6. 先将蛋黄面粉糊和一半的蛋白糊混合，从底往上翻拌均匀，再倒入另一半蛋白糊。
7. 拌匀后倒入蛋糕模具，用长柄刮板使其表面平整。
8. 放入烤箱烤 20 分钟左右，烤好后马上取出倒扣晾凉以防回缩；彻底冷却后，将蛋糕倒出来即可。

黎老师，为了使蛋糕更容易脱模，我可不可以在蛋糕模里包一层烘焙纸？

不可以，因为戚风蛋糕烤焙的时候，需要依靠模具壁的附着力向上爬，所以烤的时候不能使用防黏的蛋糕模，更不能在蛋糕模里铺烘焙纸。

肉松戚风蛋糕

香气宜人的肉松，更加突出了蛋糕的甜美，赶快动手做一款老少皆宜的蛋糕吧。

烤箱中层，上火 170℃，下火 160℃　20 分钟　5 人份

工具

烤箱
玻璃碗
搅拌器
电动搅拌器
长柄刮板
蛋糕模具

原料

蛋黄 50 克
细砂糖 100 克
色拉油 45 毫升
牛奶 45 毫升
低筋面粉 70 克
泡打粉 1 克
盐 1 克
蛋白 100 克
柠檬汁 1 毫升
肉松 100 克

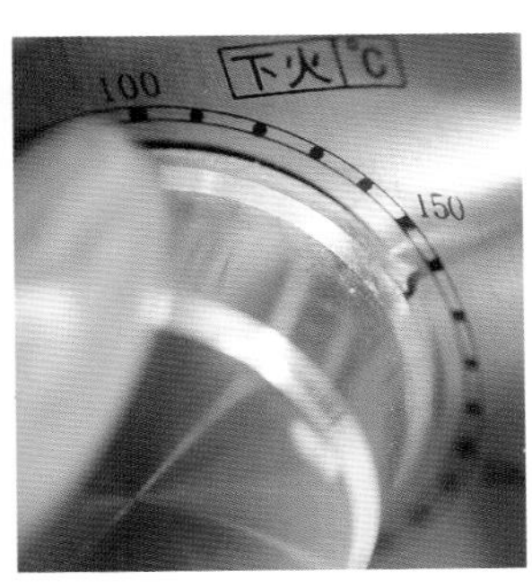

1 烤箱通电，以上火 170℃、下火 160℃进行预热。

2 将色拉油、牛奶和 20 克细砂糖倒入玻璃碗中，拌匀。

3 加入蛋黄搅拌均匀，加入盐拌匀，再加入泡打粉搅拌均匀。

4 加入低筋面粉并用搅拌器搅拌均匀至无颗粒。

5 另取一只玻璃碗，在蛋白中加入 80 克细砂糖，用电动搅拌器打至硬性发泡，加入柠檬汁继续搅拌。

6 先将蛋黄糊和一半蛋白糊混合，从底往上翻拌，再倒入剩下的拌匀，接着倒入蛋糕模具，用长柄刮板刮平表面。

7 把肉松均匀撒在面糊上。

8 放入烤箱烤 20 分钟左右，烤好后马上取出倒扣晾凉以防回缩；彻底冷却后，将蛋糕倒出来即可。

黎老师，制作这款蛋糕我要用什么类型的色拉油？

制作戚风蛋糕一定要使用无味的植物油，决不能使用花生油、橄榄油这类味道重的油，也不能用黄油取代。

奶茶小蛋糕

烤箱中层，上火 170℃，下火 160℃　18 分钟　6 人份

工具

烤箱
搅拌器
长柄刮板
裱花袋
玻璃碗
剪刀
蛋糕纸杯

原料

低筋面粉 120 克
牛奶 10 毫升
鸡蛋 50 克
红茶 2 克
红茶水 65 毫升
白砂糖 70 克
黄油 30 克

制作过程：

1 烤箱通电，以上火 170℃、下火 160℃进行预热。

2 把红茶水跟白砂糖倒入玻璃碗中搅拌均匀，接着加入鸡蛋拌匀，再加入红茶继续搅拌。

3 加入牛奶搅拌，然后加入低筋面粉搅拌均匀，最后加入软化的黄油，用搅拌器拌匀。

4 用长柄刮板将拌匀的面糊装入裱花袋中，再用剪刀剪下小孔挤入蛋糕纸杯中。

5 把蛋糕放进预热好的烤箱中烘烤约 18 分钟，烤好后将蛋糕取出即可。

面糊倒入蛋糕纸杯中的时候，不要倒满，七分满即可，避免烤制时溢出。

提拉米苏

提拉米苏是意大利甜点的代表，是一款带着咖啡酒香的蛋糕，质感湿滑细腻，甜中带苦，深受大家的喜爱。

工具

搅拌器
电动搅拌器
蛋糕杯
裱花袋
面粉筛
长柄刮板
玻璃碗
冰箱

原料

芝士糊：
蛋黄 2 个
蜂蜜 30 毫升
细砂糖 30 克
芝士 250 克
动物性淡奶油 120 毫升
蛋糕数片
水果适量
可可粉适量

咖啡酒糖液：
咖啡粉 5 克
水 100 毫升
细砂糖 30 克
朗姆酒 35 毫升

冷冻

半小时以上

1 在玻璃碗中将芝士打散后加入细砂糖搅拌均匀。

2 加入蛋黄搅拌均匀，然后加入加热好的蜂蜜，用搅拌器搅拌均匀。

3 用电动搅拌器打发动物性淡奶油，打发好后加入芝士糊中，用长柄刮板将其搅拌均匀。

4 把水烧开，然后加入咖啡粉拌匀。

5 倒入细砂糖和朗姆酒搅拌均匀。

6 蛋糕杯底放上蘸了咖啡酒糖液的蛋糕，用裱花袋把芝士糊挤入杯中约三分满。

7 再加入蛋糕，然后倒入剩下的芝士糊约八分满，完成后移入冰箱冷冻半小时以上。

8 取出冻好的蛋糕，筛上可可粉，用水果装饰即可。

黎老师，为什么加入提拉米苏中的蛋糕需要蘸咖啡酒？

蘸了咖啡酒，能使蛋糕口感更加独特，不过咖啡酒要使用原味咖啡调制，以免影响提拉米苏的口感。

瑞士水果卷

烤箱中层，上火 170℃，下火 160℃　20 分钟　4 人份

工具
烤箱
搅拌器
玻璃碗
电动搅拌器
长柄刮板
裱花袋
烘焙纸

原料
蛋黄 4 个
橙汁 50 毫升
色拉油 40 毫升
低筋面粉 70 克
玉米淀粉 15 克
蛋白 4 个
细砂糖 40 克
动物性淡奶油 120 毫升
草莓果肉、芒果果肉等各适量

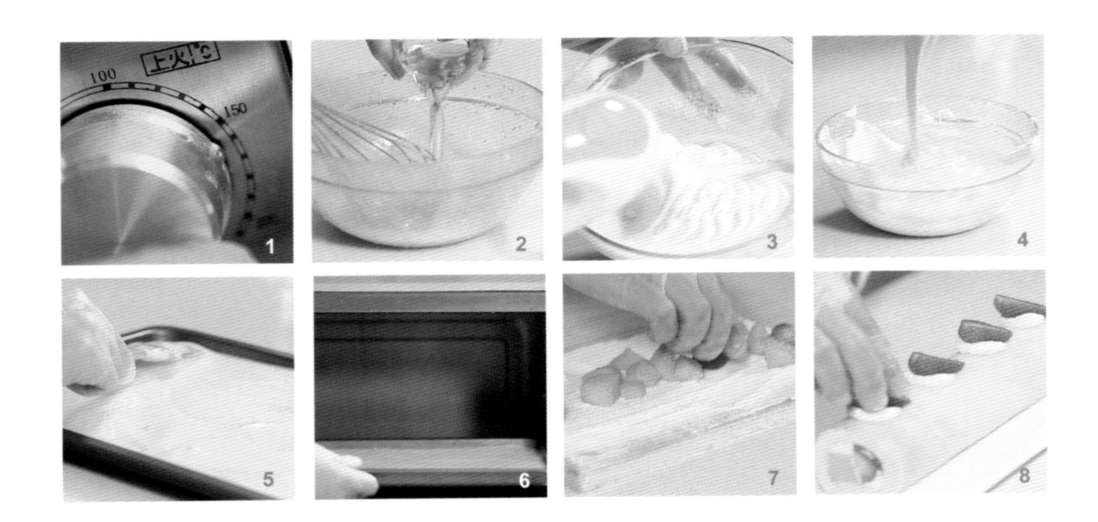

制作过程：

1 烤箱通电，以上火 170℃、下火 160℃进行预热。

2 在玻璃碗中倒入蛋黄和橙汁搅拌匀，加入色拉油搅拌均匀，加入低筋面粉和玉米淀粉，用搅拌器充分搅拌均匀。

3 将蛋白和细砂糖倒入另一玻璃碗中，用电动搅拌器打至硬性发泡，制成蛋白霜。

4 把做好的蛋白霜倒一半到搅拌好的蛋黄面粉糊中，翻拌均匀后再倒入剩下的蛋白霜翻拌均匀。

5 将做好的蛋糕糊倒入垫有烘焙纸的烤盘内，用长柄刮板将蛋糕糊刮平整。

6 将蛋糕放入预热好的烤箱中，烘烤约 20 分钟，取出放凉。

7 把动物性淡奶油打至硬性发泡，待蛋糕放凉后，挤在蛋糕中间位置，再在蛋糕上铺上水果块。

8 用烘焙纸将蛋糕卷起定形，定形完撕去烘焙纸，在水果卷表面以奶油、水果装饰。

黎老师，蛋黄面粉糊要搅拌至什么状态才是最佳？

搅拌好的蛋黄面粉糊的状态是非常细腻且有光泽的，没有颗粒状物，在提起长柄刮板时，可以有蛋黄面粉糊从刮板上滴落。

轻乳酪蛋糕

细腻丝滑的轻乳酪蛋糕，清淡而不甜腻，入口即化的口感在冷藏过后更易呈现。

烤箱中层，上火 150℃，下火 120℃　30~45 分钟　4 人份

工具

- 烤箱
- 搅拌器
- 电动搅拌器
- 长柄刮板
- 蛋糕模具
- 玻璃碗
- 烘焙纸
- 冰箱

原料

- 奶酪 125 克
- 蛋黄 30 克
- 蛋白 70 克
- 动物性淡奶油 50 毫升
- 牛奶 75 毫升
- 低筋面粉 30 克
- 细砂糖 50 克

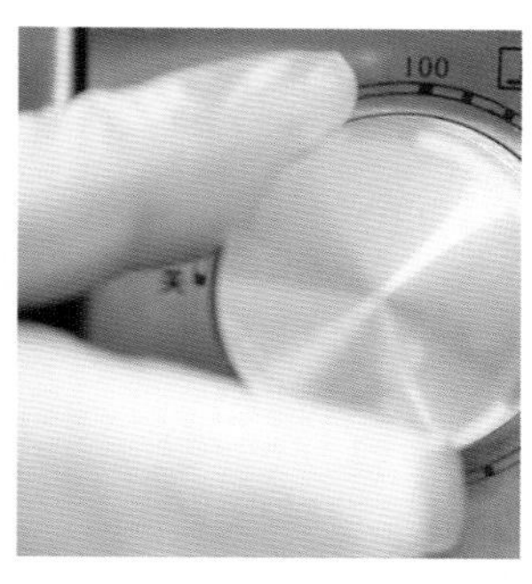

1 烤箱通电，以上火 150℃、下火 120℃进行预热。

2 把奶酪倒入玻璃碗中稍微打散，分多次加入牛奶并搅拌均匀。

3 加入动物性淡奶油继续搅拌，然后加入蛋黄搅拌，再加低筋面粉，用搅拌器搅拌成膏状。

4 另置一玻璃碗，将蛋白和细砂糖用电动搅拌器打发，使其在提起搅拌器后能拉出微微弯曲的尖角。

5 将一半的蛋白加入到乳酪糊里，用长柄刮板从下向上翻拌，拌好后再倒入剩下的蛋白翻拌。

6 把拌好的蛋糕糊倒入底部用烘焙纸包起来的蛋糕模具里，在桌面轻敲蛋糕模，使蛋糕糊表面平整。

7 把蛋糕模具放入注有高约 3cm 水的烤盘里，把烤盘放进预热好的烤箱里烤 30~45 分钟。

8 蛋糕烤好后取出，放入冰箱冷藏 1 小时以上再切块食用即可。

黎老师，为什么蛋糕模要放在注水的烤盘里烤？

轻乳酪蛋糕需要用水域法来烤，否则容易表皮干硬开裂。蛋糕一定要完全烤熟，否则内部过于湿软，不好切块。

抹茶蜜语

烤箱中层，上火 160℃，下火 160℃　30 分钟　4 人份

工具

烤箱
搅拌器
电动搅拌器
蛋糕模具
长柄刮板
裱花袋
面粉筛
玻璃碗

原料

蛋白 4 个
细砂糖 50 克
蛋黄 4 个
低筋面粉 60 克
抹茶粉 10 克
色拉油 30 毫升
牛奶 30 毫升
动物性淡奶油或植脂甜点奶油 100 毫升
水果适量
红豆适量
糖粉适量

制作过程：

1 烤箱通电，以上、下火 160℃进行预热。

2 把蛋黄、色拉油、牛奶倒入玻璃碗中，用搅拌器搅拌均匀。

3 加入细砂糖搅拌均匀，再加入低筋面粉和抹茶粉，搅拌成黏稠的糊状。

4 另置一玻璃碗，将蛋白和细砂糖用电动搅拌器打发至硬性发泡。

5 将打发好的蛋白加一半到面粉糊中用长柄刮板翻拌均匀后，再倒入剩下的蛋白霜翻拌。

6 把拌好的面糊倒入蛋糕模具中，在桌面轻敲模具，使面糊表面平整。

7 把蛋糕放入预热好的烤箱中烘烤 30 分钟。

8 烤好后将蛋糕脱模，用裱花袋将打发好的淡奶油挤在蛋糕上，筛上糖粉，用水果和红豆点缀即可。

黎老师，我可以用绿茶粉代替抹茶粉吗？

抹茶粉和绿茶粉虽然看起来像，但是使用效果差距很大，绿茶粉制作的蛋糕呈暗黄色，而抹茶粉制作的蛋糕呈现鲜亮的绿色，因此不能随意替代。

黑芝麻小吐司

烤箱中层，上火 170℃，下火 160℃　10~12 分钟　4 人份

工具
小刀
烤箱
面包机
吐司模具
擀面杖
刷子

原料
高筋面粉 250 克
干酵母 2 克
黄油 30 克
鸡蛋 30 克
盐 3 克
细砂糖 100 克
牛奶 15 毫升
水 120 毫升
黑芝麻 50 克
鸡蛋液适量

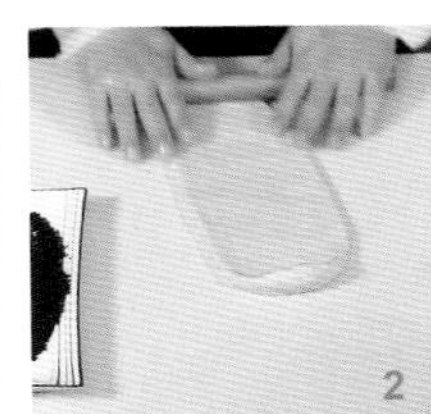

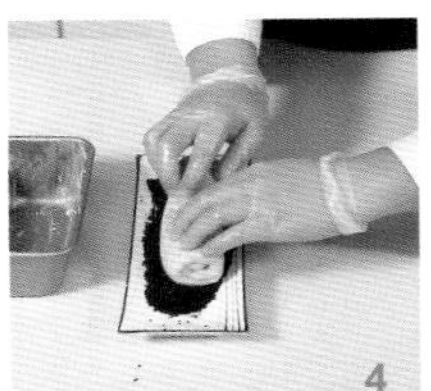

制作过程：

1 将高筋面粉、干酵母、黄油、鸡蛋、盐、细砂糖、牛奶、水倒入面包机中，按下启动键，进行和面。

2 将和好的面团用擀面杖擀成椭圆形面饼。

3 把椭圆形面饼翻转过来，卷成长条形。

4 把卷好的面团放入铺好黑芝麻的盘中，使其一面裹上黑芝麻。

5 把裹上黑芝麻的面团放进吐司模具中。

6 放入烤箱中发酵 1~2 小时，让面团体积膨胀 2 倍。

7 在发酵好的面团表面刷上鸡蛋液，并用小刀在表面划上细痕排气。

8 把烤箱预热好，将成形的面团放进烤箱烘烤 10~12 分钟即可。

9 将烤好的面包取出，切片摆盘即可。

黎老师，我可以将鸡蛋液一次性放入打发好的黄油中吗？

鸡蛋液一定要分 2 ～ 3 次加入，每一次加入后都要等黄油和鸡蛋完全融合后才能再加一次，黄油必须和鸡蛋完全融合，才不会出现分离的现象。

高级奶香吐司

片片吐司，满满心意。在早晨的餐桌上，一碟吐司，一杯牛奶足以。

烤箱中层，上火 170℃，下火 160℃　10~12 分钟　4 人份

工具

小刀
刷子
擀面杖
吐司模具
烤箱
面包机

原料

高筋面粉 250 克
干酵母 2 克
黄油 30 克
鸡蛋 30 克
盐 3 克
细砂糖 100 克
牛奶 15 毫升
水 120 毫升
鸡蛋液适量

1 将高筋面粉、干酵母、黄油、鸡蛋、盐、细砂糖、牛奶、水倒入面包机中，按下启动键进行和面。

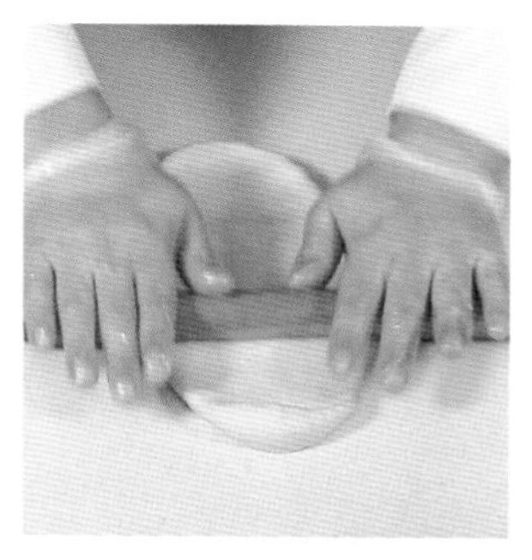

2 将和好的面团放在案台上，用擀面杖擀成椭圆形的面饼。

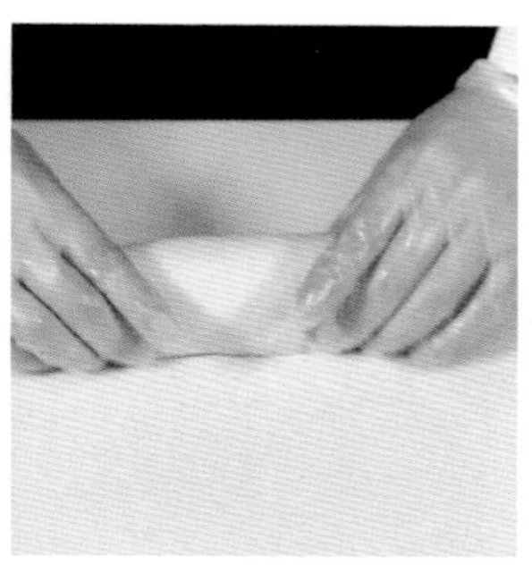

3 将擀好的面团翻转过来，卷成长条形。

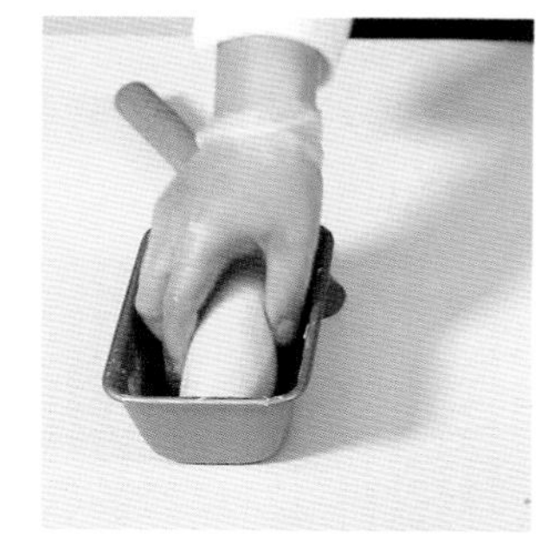

4 把卷好的面团放进吐司模具中。

5 放入烤箱中发酵1~2小时，使其体积膨胀约为原来的2倍大。

6 在发酵好的面团表面刷上鸡蛋液，用小刀在表面划上细痕排气。

7 把烤箱预热好，将成形的面团放进烤箱烘烤10~12分钟。

8 将烤好的面包取出，切片摆入盘中即可。

黎老师，黄油打发时间是越长越好么？

不是。如果做蛋糕时过度打发会导致烤出来的蛋糕塌陷；做饼干时，会使烤出来的饼干形状不漂亮。

蔓越莓司康

烤箱中层，上火 180℃，下火 160℃ 20 分钟 4 人份

工具

玻璃碗
饼干模具
刷子
烤箱

原料

低筋面粉 130 克
细砂糖 15 克
盐 1 克
黄油 25 克
鸡蛋 15 克
牛奶 45 毫升
蔓越莓干 15 克
泡打粉 4 克
蛋液适量

制作过程：

1. 玻璃碗中倒入黄油、细砂糖、牛奶、鸡蛋搅拌均匀。

2. 再放入盐、蔓越莓干、泡打粉、低筋面粉拌匀，制成面团。

3. 把搅拌好的原料分小份，压入饼干模具中并放入烤盘。

4. 在压好的面团上刷上蛋液。

5. 将烤盘放入预热好的烤箱中，烘烤约 20 分钟，烤好后将其取出装盘即可。

将材料揉成面团时，不要过度揉捏，揉到面团表面光亮即可。过度揉捏会导致面筋生成过多，影响口感。

豆沙卷面包

烤箱中层，上火 170℃，下火 160℃　10~12 分钟　4 人份

工具

烤箱
面包机
刷子
擀面杖
刀

原料

高筋面粉 250 克
干酵母 2 克
黄油 30 克
鸡蛋 30 克
盐 3 克
细砂糖 100 克
牛奶 15 毫升
水 120 毫升
全蛋液适量
红豆沙 125 克

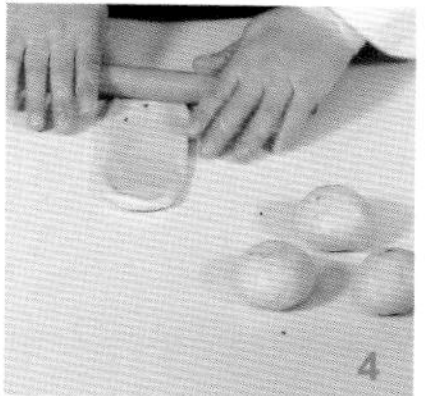
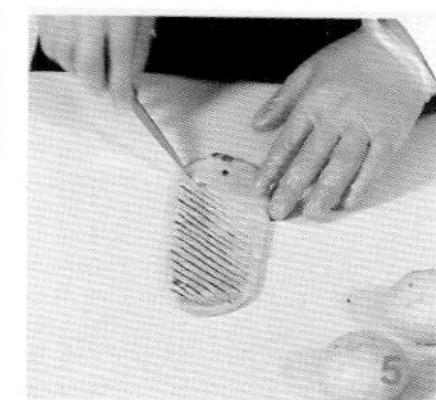
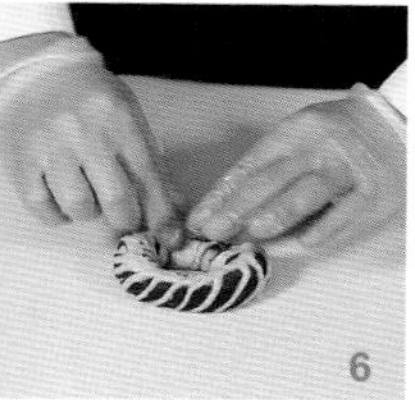

制作过程：

1 备好面包机，依次放入水、牛奶、鸡蛋、细砂糖、高筋面粉、干酵母、盐、黄油，按下启动键进行和面。

2 将发酵好的面团分成重约 60 克的小面团。

3 将面团按扁，包入红豆沙。

4 把包好红豆沙的面团用擀面杖擀成长椭圆形，宽度要与吐司模具等长。

5 在面饼表面斜切数刀排气，头尾不要切断。

6 将面团从上往下卷起来，卷成一长条形状，两头捏住制成圆圈。

7 把面包卷放在烤盘上，移入烤箱中发酵 1~2 小时。

8 在发酵好的面团表面轻轻刷上一层全蛋液，放入预热好的烤箱，烤制 10~12 分钟。

9 烤好后取出面包即可。

黎老师，面包在进行最后的发酵的时候，应该怎样较好地把握好它呢？

一般建议是放在温度为 38℃、湿度 80% 以上的环境中进行的，直到面团变成原来的 2 倍大，时间约 40 分钟即可。

苹果面包

烤箱中层，上火 170℃、下火 160℃　10~12 分钟　2 人份

工具

烤箱
面包机
玻璃碗
勺子
刷子

原料

高筋面粉 250 克
干酵母 2 克
黄油 30 克
鸡蛋 30 克
牛奶 15 毫升
水 120 毫升
蛋液适量
盐 3 克
细砂糖 100 克

馅料：

苹果 300 克
黄油 10 克
朗姆酒 2 毫升
清水 30 毫升

制作过程：

1. 备好面包机，依次放入水、牛奶、鸡蛋、细砂糖、高筋面粉、干酵母、盐、黄油，按下启动键进行和面。

2. 将所有的馅料倒入玻璃碗中搅拌均匀待用。

3. 把面团分成重约 60 克的小份，用勺子把搅拌好的馅料裹进面团中，放在烤盘上，再放入烤箱发酵 1~2 个小时。

4. 把发酵好的面团刷上蛋液并进行装饰。

5. 预热好烤箱，把成形的面团放进烤箱烘烤 10~12 分钟，至面包表面金黄即可出炉。

蜜豆面包

烤箱中层，上火 170℃，下火 160℃　10~12 分钟　2 人份

工具

烤箱
面包机
刷子
擀面杖

原料

高筋面粉 250 克
干酵母 2 克
黄油 30 克
鸡蛋 30 克
盐 3 克
细砂糖 100 克
牛奶 15 毫升
水 120 毫升
鸡蛋液适量
红豆适量

制作过程：

1. 备好面包机，依次放入水、牛奶、鸡蛋、细砂糖、高筋面粉、干酵母、盐、黄油，按下启动键进行和面。

2. 将面团分成重约 60 克的小份，将其分别用擀面杖擀成长扁形状。

3. 在面团上放入红豆，再将面团卷起来，让蜜红豆包裹在面团中，放在烤盘上，移入烤箱发酵 1~2 小时。在发酵好的面团表面轻轻刷上一层鸡蛋液，再放入适量的红豆。

4. 放入预热好的烤箱烤制 10~12 分钟，至面包表面金黄即可出炉。

朗姆葡萄干面包

这款面包除了有果干的甘甜，还带着微微的酒香味，让人品到面包的香气时，还能尝到果干和朗姆酒的甜味。

烤箱中层，上火 170℃，下火 160℃　12 分钟　2 人份

工具

烤箱
刀
面包机
擀面杖
面粉筛

原料

高筋面粉 250 克
干酵母 2 克
鸡蛋 30 克
牛奶 15 毫升
葡萄干 35 克
朗姆酒 15 毫升
黄油 30 克
蛋糕片适量
盐 3 克
细砂糖 100 克
水 120 毫升

1 备好面包机，依次放入水、牛奶、鸡蛋、细砂糖、高筋面粉、干酵母、盐、黄油，按下启动开关进行和面。

2 在装有葡萄干的玻璃碗中放入黄油、朗姆酒，充分搅拌均匀。

3 将发酵好的面团分成重约60克的小份，再用擀面杖擀成长扁形状。

4 将擀好的面团翻转过来，把搅拌好的葡萄干和蛋糕片放入面团中。

5 将面团从上往下卷起来，卷成长条形状，放进烤盘，再放入烤箱发酵1~2个小时。

6 把发酵好的面团筛上面粉，然后用刀划上细痕排气装饰。

7 预热好烤箱，把成形的面团放进烤箱烘烤约12分钟，至面包表面金黄即可出炉。

黎老师，如果有些人不喜欢朗姆酒的味道，可以不加吗？

如果不喜欢朗姆酒的味道，可以将它换成温开水。

咖啡奶香面包

烤箱中层，上火 170℃，下火 160℃　12 分钟　2 人份

工具

烤箱
面包机
玻璃碗
搅拌器
裱花袋
剪刀

原料

面团：
高筋面粉 250 克
干酵母 2 克
黄油 30 克
鸡蛋 30 克
盐 3 克
细砂糖 100 克
牛奶 15 毫升
水 120 毫升

馅料：
黄油 45 克
糖粉 45 克
鸡蛋 40 克
低筋面粉 40 克
纯速溶咖啡粉 4 克

制作过程：

1. 备好面包机，依次放入水、牛奶、鸡蛋、细砂糖、高筋面粉、干酵母、盐、黄油，按下启动键进行和面。

2. 把发酵好的面团分成重约 60 克的小份，搓成小球，放进烤盘，再放入烤箱发酵 1~2 个小时。

3. 备好一个玻璃碗，依次放入鸡蛋、纯速溶咖啡粉、黄油、糖粉、低筋面粉，用搅拌器充分搅拌均匀。

4. 将搅拌好的馅料装入裱花袋中，在其底部用剪刀剪个小口，将馅料以画圈方式挤到发酵好的面团上。

5. 预热好烤箱，把成形的面团放进烤箱烘烤约 12 分钟，至面包表面金黄即可出炉。

1

2

3

4

5

馅料不要挤太多，否则烤的时候会流下来，影响成品的外观。

椰蓉花形面包

烤箱中层，上火 170℃，下火 160℃　10~12 分钟　2 人份

工具

烤箱
面包机
刷子
小刀
长柄刮板
玻璃碗
擀面杖
裱花袋

原料

全蛋液适量
蛋黄酱适量

面团：

高筋面粉 250 克
干酵母 2 克
黄油 30 克
鸡蛋 30 克
盐 3 克
细砂糖 100 克
牛奶 15 毫升
水 120 毫升

椰蓉馅：

椰蓉 30 克
黄油 15 克
鸡蛋 15 克
细砂糖 15 克

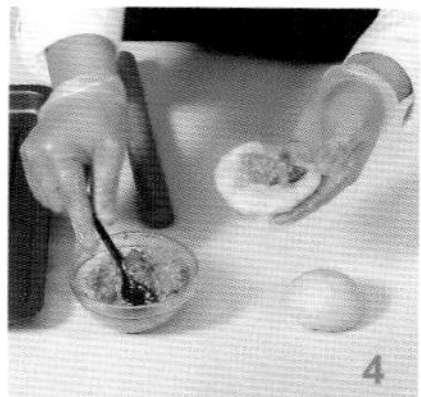

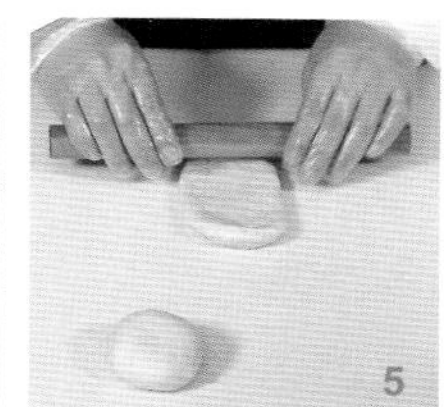

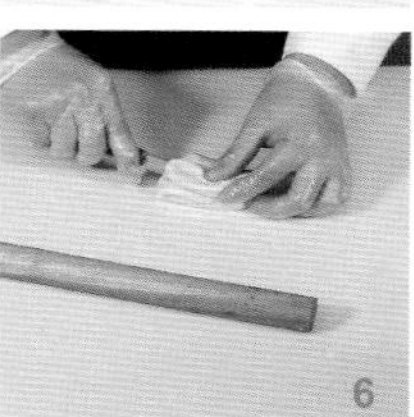

制作过程：

1. 椰蓉馅制作一：在装有细砂糖的玻璃碗中倒入鸡蛋、黄油，用长柄刮板搅拌均匀。
2. 椰蓉馅制作二：再倒入椰蓉拌匀，用手把椰蓉和黄油揉匀，即成椰蓉馅。
3. 备好面包机，依次放入水、牛奶、鸡蛋、细砂糖、高筋面粉、干酵母、盐、黄油，按下启动键进行和面。
4. 将面团分成重约 60 克的小份，在小面团中包入椰蓉馅。
5. 把包好椰蓉馅的面团收口向下，用擀面杖擀成扁圆形。
6. 将扁圆形的面团对半折起，用小刀在面团上划一刀，再摆成花形。
7. 面团整好形状后，放入烤盘上进行最后发酵，直到面团变成原来的 2 倍大。
8. 在发酵好的面团表面轻轻刷上一层全蛋液并用裱花袋挤上蛋黄酱。
9. 放入预热好的烤箱烤制 10~12 分钟，至面包表面金黄出炉即可。

黎老师，我们的面包要弄成花形面包，除了做法中的方法，还有其他的方法吗？

我们的面包要弄成好看的花形，还可以用剪刀在扁圆面团上剪几刀，但不要剪断，这样也可以剪成花形。

简易燕麦小餐包

烤箱中层，上火 170℃，下火 160℃　12 分钟　2 人份

工具

烤箱
面包机

原料

高筋面粉 250 克
干酵母 2 克
黄油 30 克
鸡蛋 30 克
牛奶 15 毫升
水 120 毫升
葡萄干 20 克
燕麦片 20 克
盐 3 克
细砂糖 100 克

制作过程:

1. 备好面包机，依次放入水、牛奶、鸡蛋、细砂糖、高筋面粉、干酵母、盐、黄油，按下启动键进行和面。

2. 把面团分成重约 60 克的小份，再把葡萄干裹入面团。

3. 让面团粘上燕麦片，把它放在烤盘上，再放入烤箱发酵 1~2 个小时。

4. 预热好烤箱，把发酵好的面团放进烤箱烘烤约 12 分钟，烘烤完成后取出即可。

面团发酵时应该放在温度为 38℃、湿度 80% 以上的环境中进行，直到面团变成原来的 2 倍大即可。

肉松面包卷

松软的面包被满满的肉松覆盖，光是闻着肉松的香味就让人垂涎不已。

烤箱中层，上火 170℃，下火 160℃　12 分钟　2 人份

工具

烤箱
面包机
烘焙纸
擀面杖
裱花袋
刀

原料

高筋面粉 250 克
干酵母 2 克
黄油 30 克
鸡蛋 30 克
牛奶 15 毫升
蛋黄酱适量
肉松适量
盐 3 克
细砂糖 100 克
水 120 毫升
鸡蛋液适量

1 备好面包机，依次放入水、牛奶、鸡蛋、细砂糖、高筋面粉、干酵母、盐、黄油，按下启动开关进行和面。

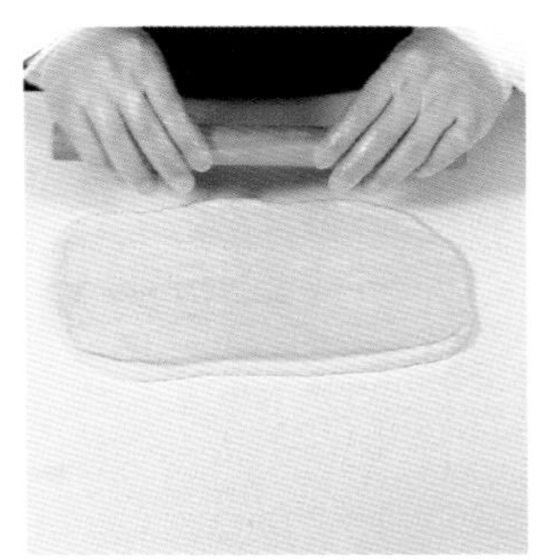

2 将发酵好的面团放在案板上，然后用擀面杖擀成长方形。

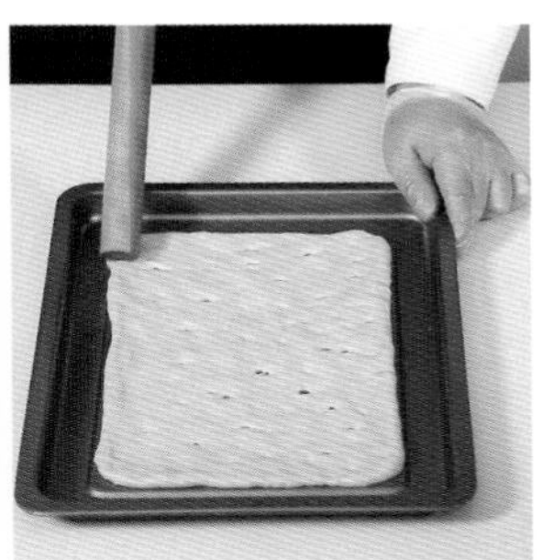

3 把擀好的面团铺在烤盘上打孔排气，放入烤箱发酵1~2个小时。

4 把发酵好的面团上刷上鸡蛋液，并撒上肉松。

5 再用裱花袋挤上蛋黄酱。

6 烤箱预热，接着把成形的面团放进烤箱烘烤约12分钟，然后取出。

7 面包出炉后放在烘焙纸上，对半切开并挤上蛋黄酱。

8 最后用烘焙纸卷成形即可。

黎老师，为什么配方中盐的用量都是比较少的？

盐对控制面团发酵起着关键作用，同时盐的用量多少直接关系面团发酵的速度，因此盐的用量比较少。

咖啡乳酪泡芙

烤箱中层，上火 180℃，下火 160℃　20 分钟　6 人份

工具

搅拌器
不锈钢盆
长柄刮板
玻璃碗
裱花袋
烘焙纸
烤箱

原料

泡芙面团：
低筋面粉 100 克
水 160 毫升
黄油 80 克
细砂糖 10 克
盐 1 克
鸡蛋 3 个左右

咖啡乳酪馅：
奶油奶酪 180 克
淡奶油 135 毫升
糖粉 45 克
咖啡粉 10 克

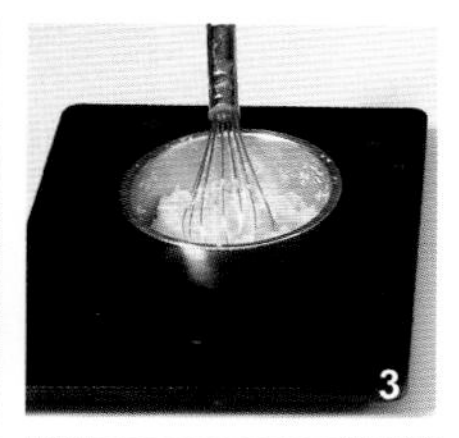

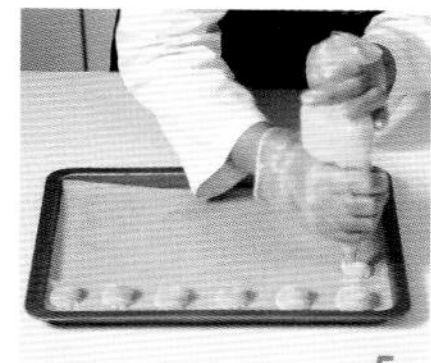

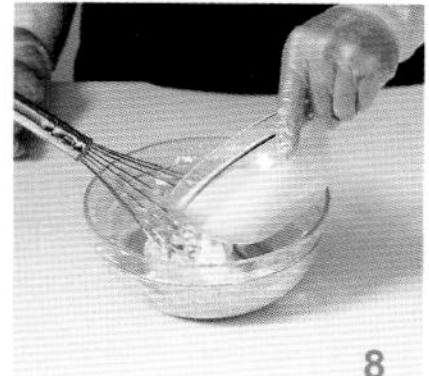

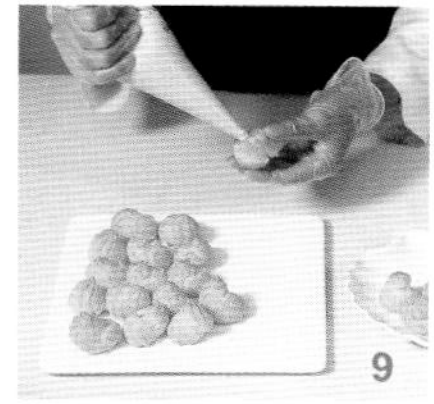

制作过程：

1 水、黄油一起放入不锈钢盆里，用中火加热并稍稍搅拌，使油脂分布均匀。

2 当煮至沸腾的时候，转小火，加入盐、细砂糖，再一次性倒入低筋面粉。

3 用搅拌器快速搅拌，使面粉和水完全混合在一起后关火。

4 把面糊倒入玻璃碗中搅散，使面糊散热。等面糊冷却到不太烫手（温度在60℃~65℃）的时候，分多次加入鸡蛋，搅拌至面糊完全把鸡蛋吸收以后，再加下一次。

5 用长柄刮板把面糊装入裱花袋中，挤在垫有烘焙纸的烤盘上，每个面团之间保持距离，以免面团膨胀后碰到一起。

6 把烤盘送入预热好的烤箱，烘烤约20分钟，直到表面黄褐色，取出。

7 将奶油奶酪室温软化（或隔水加热软化）以后，放入玻璃碗中，使用搅拌器搅碎，再加入糖粉，搅打至细滑状。

8 继续加入淡奶油和咖啡粉，并继续用搅拌器搅打，使馅料混合均匀，做成乳酪馅。

9 取出烤好的泡芙，冷却后将乳酪馅装入裱花袋里，填入泡芙即可。

黎老师，咖啡乳酪馅还可以怎么制作使得口感更好？

这款咖啡乳酪馅，淡奶油的用量可以根据自己的喜好调整。喜欢轻盈口感的，可以加大淡奶油的用量；喜欢浓厚口感的，则可以减少淡奶油的用量。

奶油泡芙

奶油泡芙是一种西式甜点，在其蓬松空洞的中间填充上奶油，便制成了小巧别致的小西点。

烤箱中层，上火 180℃，下火 160℃　20 分钟　6 人份

工具

- 搅拌器
- 不锈钢盆
- 裱花嘴
- 电动搅拌器
- 长柄刮板
- 玻璃碗
- 裱花袋
- 烘焙纸
- 烤箱

原料

- 低筋面粉 100 克
- 水 160 毫升
- 黄油 80 克
- 糖 5 克
- 盐 1 克
- 鸡蛋 3 个左右
- 奶油 100 毫升（也可以根据个人口味加入适量糖或者糖粉）

1　把水、盐、糖、黄油一起放入不锈钢盆里，用中火加热并用搅拌器搅拌，使油脂分布均匀。

2　当其煮至沸腾的时候，调为小火，一次性倒入低筋面粉。

3　快速搅拌，使面粉和水完全混合在一起，不粘锅以后再关火。

4　把面糊倒入玻璃碗中将其搅散散热。等面糊稍微冷却之后，分多次加入鸡蛋并搅拌。

5　用长柄刮板将面糊装入裱花袋，挤在垫有烘焙纸的烤盘上，每个面团之间要保持一定距离。

6　把烤盘放入预热好的烤箱，烘烤约20分钟。

7　用电动搅拌器打发好奶油待用。

8　泡芙冷却后，在底部用手指挖一个洞，用小圆孔的裱花嘴插入，在里面挤入打发好的奶油馅即可。

黎老师，如何让泡芙做得让人吃起来口感好？

充足的水分是泡芙膨胀的原动力。在制作泡芙的时候，一定要将面粉烫熟，这是泡芙成功的关键之一。

焦糖布丁

烤箱中层，上火 180℃，下火 160℃　20 分钟　4 人份

工具

不锈钢盆
搅拌器
玻璃碗
面粉筛
塑料杯
布丁杯
烤箱

原料

布丁液：
牛奶 250 毫升
细砂糖 50 克
鸡蛋 2 个
焦糖：
细砂糖 75 克
水 20 毫升

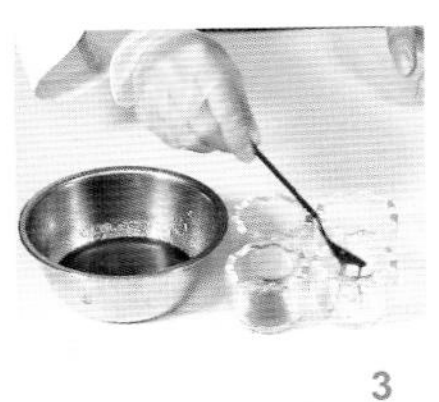

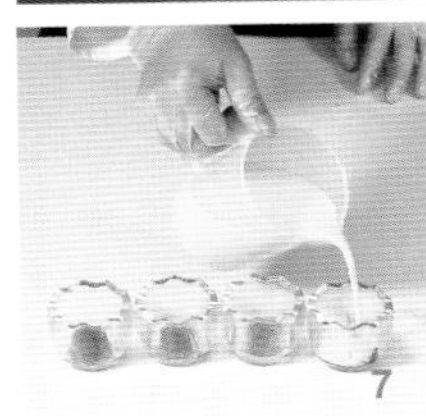

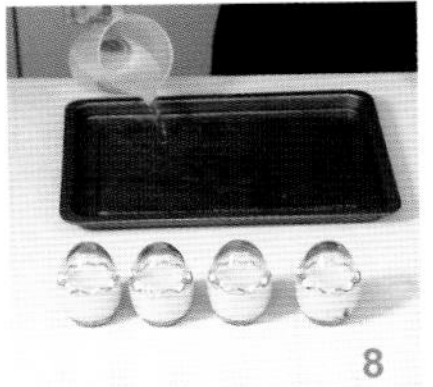

制作过程：

1. 焦糖制作一：在不锈钢盆里放入细砂糖和水，中火加热，煮到糖水沸腾，继续用中火熬煮。
2. 焦糖制作二：沸腾的糖浆会产生许多白沫，煮的过程中不要搅拌，即成焦糖。
3. 趁热把煮好的焦糖倒入布丁杯，在底部铺上一层即可。
4. 把牛奶和细砂糖倒入另一玻璃碗里，且用搅拌器不断搅拌，直到细砂糖溶化。
5. 加入鸡蛋，并且用搅拌器搅拌均匀，做成布丁液。
6. 把搅拌好的布丁液过筛到塑料杯中。
7. 在布丁杯的内壁涂上一层黄油，把静置好的布丁液倒入布丁杯。
8. 在烤盘里注水，放上布丁杯，然后把烤盘放入预热好的烤箱烤焙 20 分钟左右，直到布丁液凝固。
9. 取出烤好的布丁，烤好的布丁冷藏食用味道更佳。

黎老师，熬焦糖的时候有什么需要注意的吗？

熬焦糖的时候要避免出现结晶的现象，也不要煮过头，以免味道发苦。

果酱千层酥

烤箱中层，上火 180℃，下火 160℃ 20 分钟 2 人份

工具

擀面杖
面包机
烤箱
刀
刷子

原料

千层酥皮：
高筋面粉 300 克
低筋面粉 80 克
细砂糖 25 克
水 120 毫升
鸡蛋 35 克
黄油 25 克
片状酥油 80 克

装饰

果酱适量
蛋液适量

制作过程：

1 把除片状酥油外的其他酥皮原料全部倒进面包机中搅拌均匀至面团。

2 把面团用擀面杖擀成片状，压上片状酥油，然后继续擀成其他片状，重复擀三次直到把片状酥油和面团擀均匀。

3 再于常温发酵 2 分钟后酥皮就制作好了。

4 把酥皮均匀切成正方形面皮后对折，再把角切一下并整形。然后刷上蛋液，把果酱放入酥皮中。

5 把装进烤盘的酥放进预热好的烤箱烘烤约 20 分钟，至表面金黄色，取出装盘即可。

巧克力法式馅饼

烤箱中层，上火 180℃，下火 160℃　20 分钟　2 人份

工具

玻璃碗
勺子
模具
刷子
烤箱

原料

饼皮：
黄油 70 克
低筋面粉 140 克
糖粉 70 克
鸡蛋 30 克
盐 1 克

巧克力馅：
腰果（榛子等其他坚果）50 克
黑巧克力酱 80 克
全蛋液适量

制作过程：

1 糖粉和黄油倒入玻璃碗中充分搅拌均匀，加入鸡蛋、盐、低筋面粉继续搅拌后，面糊就做好了。

2 把腰果倒入黑巧克力酱中用勺子拌匀。取一小块面糊拍成圆形，加入巧克力馅包好，再将其压入刷了油的模具中。

3 做好所有的馅饼后，在表面刷上一层全蛋液，并将模具放在烤盘上。

4 将烤盘放入预热好的烤箱，烘烤 20~25 分钟后取出即可。

咖啡乳酪泡芙

烤箱中层，上火 180℃，下火 160℃ 20 分钟 2 人份

工具

面包机
烤箱
刀
擀面杖
玻璃碗
餐叉
电动搅拌器
长柄刮板
裱花袋
裱花嘴
烘焙纸

原料

奶油适量
新鲜水果丁适量
千层酥皮：
高筋面粉 300 克
低筋面粉 80 克
细砂糖 25 克
水 120 毫升
鸡蛋 35 克
黄油 25 克
片状酥油 80 克

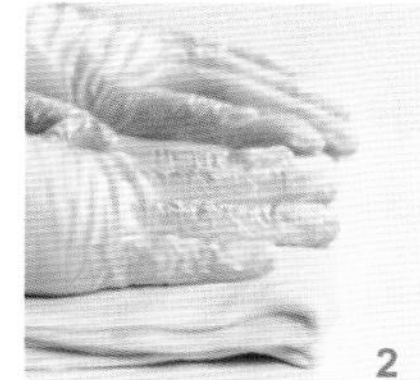

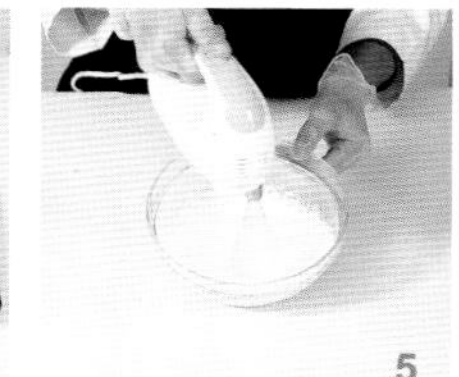

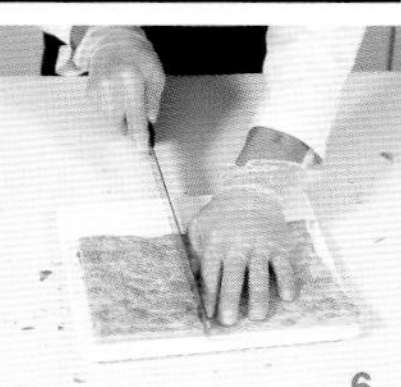

制作过程：

1 把除片状酥油外的其他酥皮原料用长柄刮板全部倒进面包机中搅拌均匀成面团。

2 把面团用擀面杖擀成片状，压上片状酥油，然后继续擀成其他片状，重复三次直到把片状酥油擀均匀，常温醒发 2 分钟后酥皮就制作好了。

3 烤盘上垫烘焙纸，放上酥皮，用餐叉刺上一排排小洞，以免烤的时候酥皮隆起。

4 把烤盘放进预热好的烤箱中烘烤约20分钟，至酥皮表面微金黄，取出待凉。

5 电动搅拌器将奶油打发好，待用。

6 酥皮待放至温热时就可以切块了，切成大小均匀的方块。

7 先在盘上放一片酥皮，将打发好的奶油装入裱花袋中，用裱花嘴在酥皮上挤出花形。

8 放上切好的新鲜水果丁。

9 再放上第二层酥皮，挤上奶油，铺水果，最后再铺上一块酥皮，同样用水果和奶油装饰即可。

烘焙问答

黎老师，除了放奶油还可以放什么呢？

可以放卡仕达酱，卡仕达酱又名吉士酱，由鲜奶、蛋黄、低筋面粉、砂糖、香草精等原料制成，口感更佳。

绿茶酥

烤箱中层，上火 180℃，下火 160℃　20 分钟　4 人份

工具

刀
玻璃碗
电子秤
擀面杖
烤箱
烘焙纸

原料

水油皮：
高筋面粉 75 克
低筋面粉 75 克
细砂糖 35 克
黄油 40 克
水 60 毫升

油酥：
低筋面粉 50 克
黄油 45 克
绿茶粉 3 克

馅料：
红豆 200 克

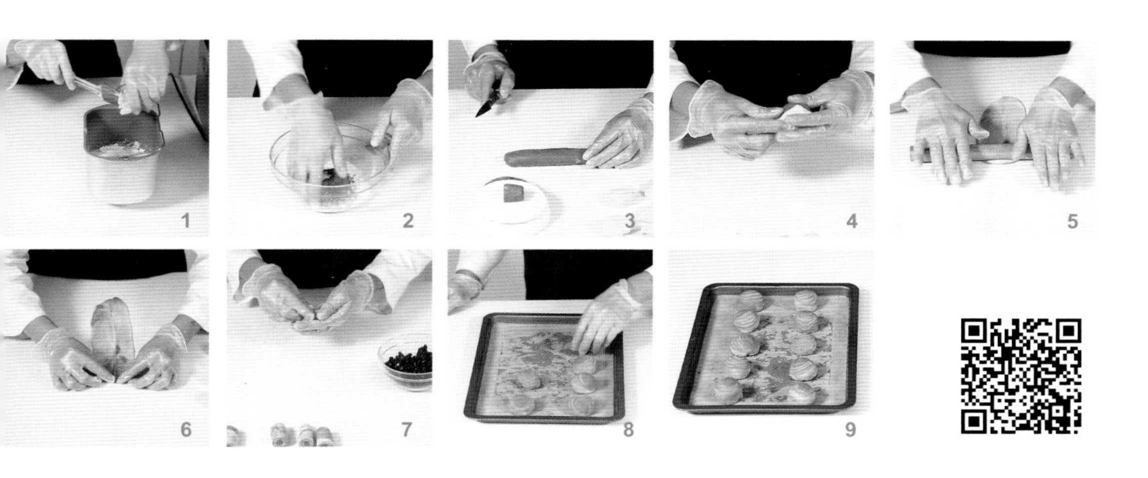

制作过程：

1 水油皮制作：备好的玻璃碗中依次放入低筋面粉、高筋面粉、水、细砂糖、黄油搅拌均匀，制成水油皮面团，面团需揉至表面光滑。

2 油酥制作：把 50 克低筋面粉、黄油和绿茶粉混合揉成油酥面团。

3 把水油皮面团分割成小份，用电子秤称取 25 克的小面团；油酥面团也依此分割。

4 用手掌把水油皮面团压扁，放上油酥面团，用水油皮把油酥包起来。

5 包好的面团收口朝下，在案板上撒一层薄面粉防粘，用擀面杖擀成比较薄的面片。

6 用刀对半割开，把擀好的长方形面片朝一端卷起来。

7 把面团切面朝上，再次擀开成圆形的薄片，包上红豆，收口。

8 把收口朝下放在垫有烘焙纸的烤盘里，放进预热好的烤箱烘烤 20 分钟左右。

9 取出烤好的绿茶酥装盘即可。

黎老师，如何让烤出来的酥皮更好呢？

个人建议，可以使用猪油代替黄油或植物油，猪油的起酥效果最好，黄油次之，植物油最差。

Part 4

Baking Entry

烘焙教父带你入门

认识烘焙，打好基础

想要学好烘焙，就要先认识烘焙中所涉及的工具、材料。

在做烘焙的时候，正确使用工具能够让我们最后完成的烘焙成品事半功倍。

本章详细说明了烘焙工具、材料的用法，帮助烘焙者正确理解和使用。除此之外，

还列举了烘焙中所需用到的技法，帮助烘焙初学者快速上手。

拿起手中的工具和材料，一起见证烘焙的神奇之处吧！

烘焙基本工具

烤箱

烤箱在家庭中使用时，一般情况下都是用来烤制一些饼干、点心和面包等食物。烤箱是一种密封的电器，同时也具备烘干的作用。

擀面杖

擀面杖是一种用来压制面条、面皮的工具，多为木制。一般长而大的擀面杖用来擀面条，短而小的擀面杖用来擀饺子皮等。

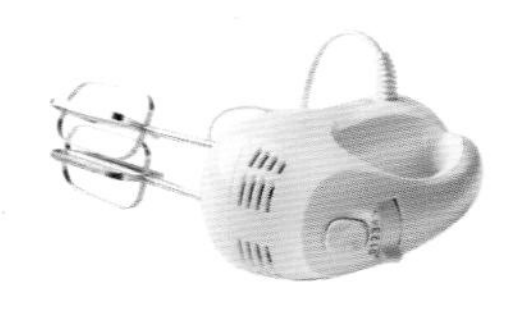

电动搅拌器

电动搅拌器包含一个电机身，还配有打蛋头和搅面棒两种搅拌头。电动搅拌器可以使搅拌的工作变得更加快捷，使材料拌得更加均匀。

手动搅拌器

手动搅拌器是烘焙时必不可少的工具之一，可以用于打发蛋白、黄油等，制作一些简易小蛋糕，但使用时较费时费力。

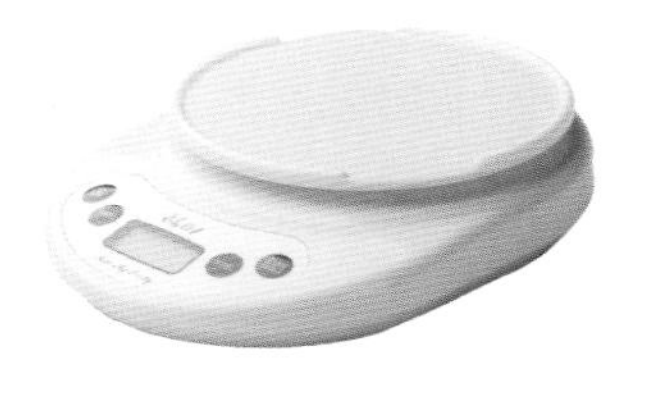

电子秤

电子秤，又叫电子计量秤，适合在西点制作中用来称量各式各样的粉类（如面粉、抹茶粉等）、细砂糖等需要准确称量的材料。

蛋糕纸杯

蛋糕纸杯是在做小蛋糕时使用的。使用相应形状的蛋糕纸杯能够做出相应的蛋糕形状，适合用于制作儿童喜爱的小糕点。

面包机

面包机是指放置好材料启动程序可以自动完成和面、发酵和烘焙等一系列工序的机器。面包机大大简化了烘焙过程，不仅能够准确把握和面的分寸，还能为发酵提供适宜的温度和湿度。

量匙

量匙是在烘焙时用于精确计量配料克数的工具。量匙的规格大同小异，通常是塑料材质或不锈钢材质的带柄浅勺，有 6 个一组的，也有 5 个一组的。

玻璃碗

玻璃碗是指玻璃材质的碗，主要用来放置食物原料，同时也可以用来打发鸡蛋或搅拌面粉、砂糖、油和水等。制作西点时，至少要准备两个以上的玻璃碗。

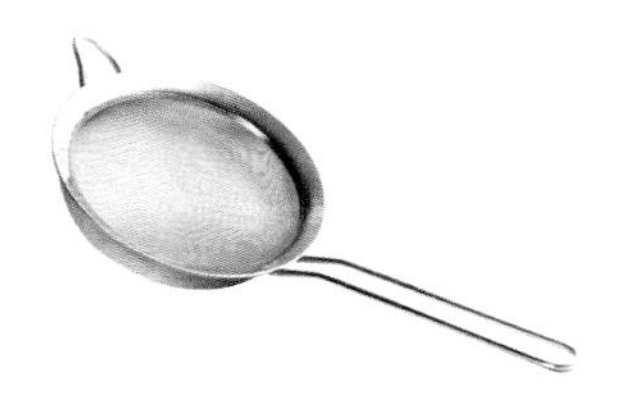

面粉筛

面粉筛一般由不锈钢制成，是用来过滤面粉和其他粉类的烘焙工具。面粉筛底部呈漏网状，可以用于过滤面粉中颗粒不均的粉类，使烘焙的成品口感更加细腻。

刮板

刮板又称面铲板，造型小巧，是制作面团后用来刮净盆子或面板上剩余面团的工具，也可以用来切割面团及修整面团的四边。

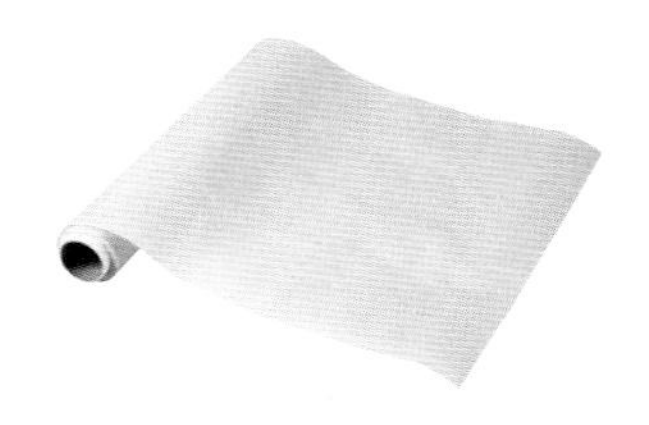

烘焙纸

烘烤食物时，将烘焙纸垫在烤盘上可以防止食物黏在模具上导致清洗困难，做饼干或蒸馒头等时也可以把烘焙纸置于底部，保证食品干净卫生。

长柄刮板

长柄刮板是一种长柄软质工具，主要用于将各种材料拌匀，便于将材料和面糊刮取干净，是西点制作中不可缺少的利器。

饼干模

饼干模有硅胶、铝合金等材质，造型多样款式精致，主要用于制作压制饼干及各种水果酥，是使饼干快速成形的模具。

吐司模

吐司模，是制作吐司必备的烘焙工具。其大小规格多样，一般为长方形，有带盖及不带盖两种类型。为了使用方便，可以选购金色不粘的吐司模，不需要涂油防粘，易脱模。

裱花袋

裱花袋是用于装饰蛋糕的工具，一般为透明的胶质。将制好的烘焙材料装入其中，在其尖端剪下一角，就能够挤出烘焙所需的材料用量、形状。

毛刷

毛刷是制作主食时用来刷液的用具，尺寸比较多样。在做点心和面包的时候，为增添食物的光泽感，需要在烘焙之前给食物刷一层油脂或蛋液。

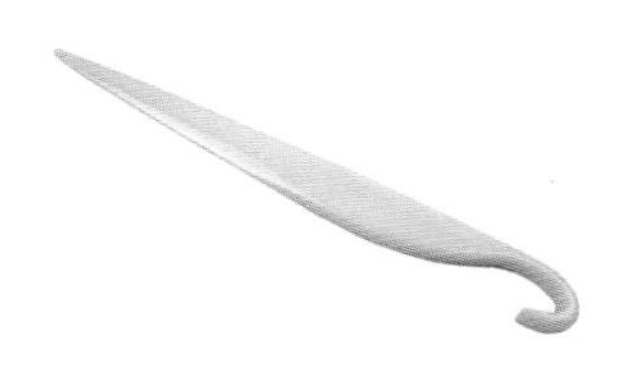

蛋糕脱模刀

蛋糕脱模刀是蛋糕脱模时用来分离蛋糕和蛋糕模具的小刀，长为20~30厘米，一般由塑料或不锈钢制成，不伤模具。用蛋糕脱模刀紧贴蛋糕模壁轻轻地划一圈，倒扣蛋糕模即可使蛋糕与蛋糕模分离。

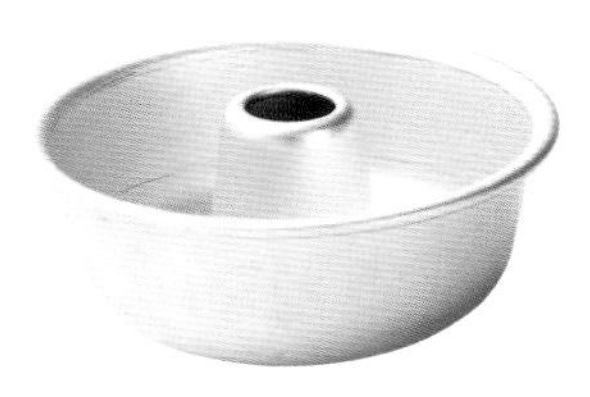

戚风蛋糕模

戚风蛋糕模是制作戚风蛋糕的必备工具，一般为铝合金材质，圆筒形状，模具本身带有磨砂感。

蛋挞模

蛋挞模主要用于制作普通蛋挞或葡式蛋挞。一般选择铝模，压制效果比较好，烤出来的蛋挞成品口感也较好。

蛋糕转盘

蛋糕转盘一般为铝合金材质。在制作蛋糕后用抹刀涂抹蛋糕坯时，蛋糕转盘可供我们边涂边抹边转动，在制作蛋糕时能够节省时间。

蛋糕纸模

蛋糕纸模是在做小蛋糕时使用的，用来制作玛芬蛋糕或其他纸杯蛋糕的工具。使用相应形状的蛋糕纸模能够做出相应的蛋糕形状，适合用于制作儿童喜爱的小糕点。

奶油抹刀

奶油抹刀一般用于蛋糕裱花时涂抹奶油或抹平奶油，或在食物脱模的时候分离食物和模具。一般情况下，有需要刮平和抹平的地方，都可以使用奶油抹刀。

齿形面包刀

齿形面包刀形如普通厨具小刀，但是刀面带有齿锯，齿锯较粗的用来切吐司面包，齿锯较细的用来切蛋糕。

成功烘焙必备的材料

高筋面粉

高筋面粉的蛋白质含量在12.5%~13.5%，色泽偏黄，颗粒较粗，不容易结块，比较容易产生筋性，适合用来做面包、千层酥等。

低筋面粉

低筋面粉的蛋白质含量在8.5%，色泽偏白，因为低筋面粉没有筋力，所以常用于制作蛋糕、饼干等。如果没有低筋面粉，也可以按75克中筋面粉配25克玉米淀粉的比例自行配制。

中筋面粉

中筋面粉即普通面粉，蛋白质含量在8.5%~12.5%，颜色为乳白色，介于高、低筋面粉之间，粉质半松散，多用于中式点心的制作。

杂粮面粉

杂粮面粉是由五谷杂粮和面粉掺和而成的粉类，可以用来制作杂粮馒头和面包等。

泡打粉

泡打粉，又称发酵粉，是一种膨松剂，一般都是由碱性材料配合其他酸性材料，并以淀粉作为填充剂组成的白色粉末。

酵母

酵母是一种天然膨大剂，它能够把糖发酵成乙醇和二氧化碳，属于比较天然的发酵剂，能够使做出来的包子、馒头等味道纯正、浓厚。

全麦面粉

全麦面粉是由全粒小麦经过加工工序获得的粉类物质，比一般面粉粗糙，麦香味浓郁，主要用于面包和西点的制作。

绿茶粉

绿茶粉是一种细末粉状的绿茶，它在最大限度下保持茶叶原有营养成分，可以用来制作蛋糕、绿茶饼等。

可可粉

可可粉是可可豆经过各种工序加工后得出的褐色粉状物。可可粉有其独特的香气，可用于制作巧克力、饮品、蛋糕等。

糖粉

糖粉一般为洁白色的粉末状，颗粒非常细小，可直接用粉筛过滤在西点和蛋糕上作装饰食用。

细砂糖

细砂糖是一种结晶颗粒较小的糖，因为其颗粒细小，通常用于制作蛋糕或饼干。适当的食用细砂糖有利于提高人体对钙的吸收，但同时也不宜多吃。

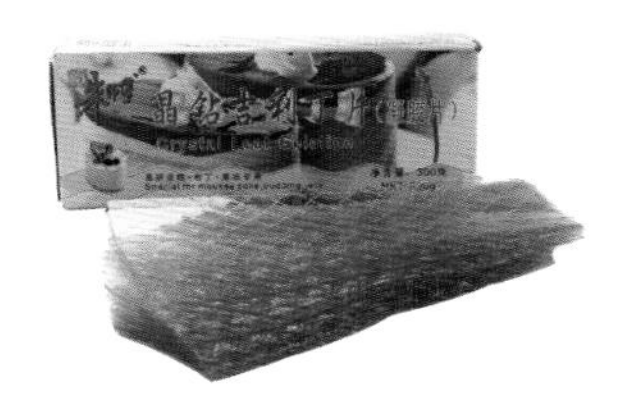

吉利丁

吉利丁又称明胶或鱼胶，是由动物骨头提炼而成的蛋白质凝胶，分为片状和粉状两种，常用于烘焙甜点的凝固和慕斯蛋糕的制作。

淡奶油

淡奶油一般是指动物淡奶油，打发后作为蛋糕的装饰，其本身不含糖分，与牛奶相似，却比牛奶更为浓稠。奶油打发前，需在冰箱冷藏8小时以上。

片状酥油

片状酥油是一种浓缩的淡味奶酪，其颜色形状类似黄油，作用主要是用来制作酥皮点心。

黄油

黄油是由牛奶加工而成，是将牛奶中的稀奶油和脱脂乳分离后，使稀奶油成熟并经过搅拌形成的。

色拉油

色拉油是由各种植物原油经多种工序精制而成的食用油。烘焙时所用的色拉油一定要是无色无味的，如玉米油、葵花籽油、橄榄油等。由于花生油味重，最好不要使用花生油。

牛奶

牛奶是从雌性奶牛身上挤出的液体，被称为“白色血液”。其味道甘甜，含有丰富的蛋白质、乳糖、维生素、矿物质等，营养价值极高。

黑巧克力

黑巧克力主要是由可可豆加工而成的产品，其味道微苦，通常用于制作蛋糕。适当食用黑巧克力可以保护心血管。

成功烘焙必备的技巧

烤箱预热

烤箱预热是指在烘烤食物之前，先将烤箱加热以提升烤箱温度的过程。烤箱预热的时间一般在 5~10 分钟，具体时间要根据烤箱大小、功率而定。一般情况下，烤箱功率越大、体积越小，其预热时间就越短。

冰箱冷藏

冷藏是保存食物的一种贮存方法，在较低的温度下保证食物的新鲜度，防止食物变质。在烘焙中，制作曲奇、派、塔等烘焙品时，将其和好的面团放入冰箱冷藏，可以使面团变硬，方便接下来的面团分割。同时，也能防止部分面团发酵后膨胀，使其保持当时的状态。

黄油软化与打发

黄油是一种固体油脂，长期存放在冷冻室中，会使其变得极其坚硬。因此在打发黄油之前，需要先把黄油软化。

黄油打发是指通过搅打的过程使黄油逐渐膨胀的过程，与其他材料混合打发之后，能起到膨松剂的作用。

鲜奶油打发

鲜奶油打发之前需要放置在冰箱冷藏一段时间，保证鲜奶油温度够低，打发完成后才能够保持打发的状态，不会消融。如果是在室温较高的环境下，我们需要垫冰在盆底，鲜奶油才能打发出来。由于鲜奶油不含糖，所以在打发的时候需要加入砂糖调味。

蛋白打发

打发蛋白的时候，要仔细检查放置蛋白的容器和打发蛋白的搅拌器，一定要无水、无油、无杂物，保证器皿干净的情况下才可以开始打发蛋白。而打发的蛋白，也要极其注意，一丝蛋黄液也不能沾有，否则也会令蛋白打发不起来。

全蛋打发

全蛋打发比蛋白打发要难得多，因为全蛋中的蛋黄含有油脂，使得全蛋打发的时间更长。全蛋在 40℃左右的温度条件下，蛋黄稠度会有所降低，此时全蛋打发起来也会比较容易，因此打发全蛋的时候最好隔着热水加热打发。

基础面团的制作

高筋面粉 250 克，酵母 4 克，黄油 35 克，奶粉 10 克，
蛋黄 15 克，细砂糖 50 克，水 100 毫升

制作过程：

1. 把高筋面粉倒在案台上。
2. 加入酵母、奶粉，充分拌匀，用刮板开窝。
3. 倒入细砂糖、水、蛋黄。
4. 把内层高筋面粉铺进窝，让面粉充分吸收水分。
5. 将材料混合均匀。
6. 揉搓成面团，加入黄油。
7. 揉搓，让黄油充分地在面团中揉匀。
8. 揉至表面光滑，静置即可。

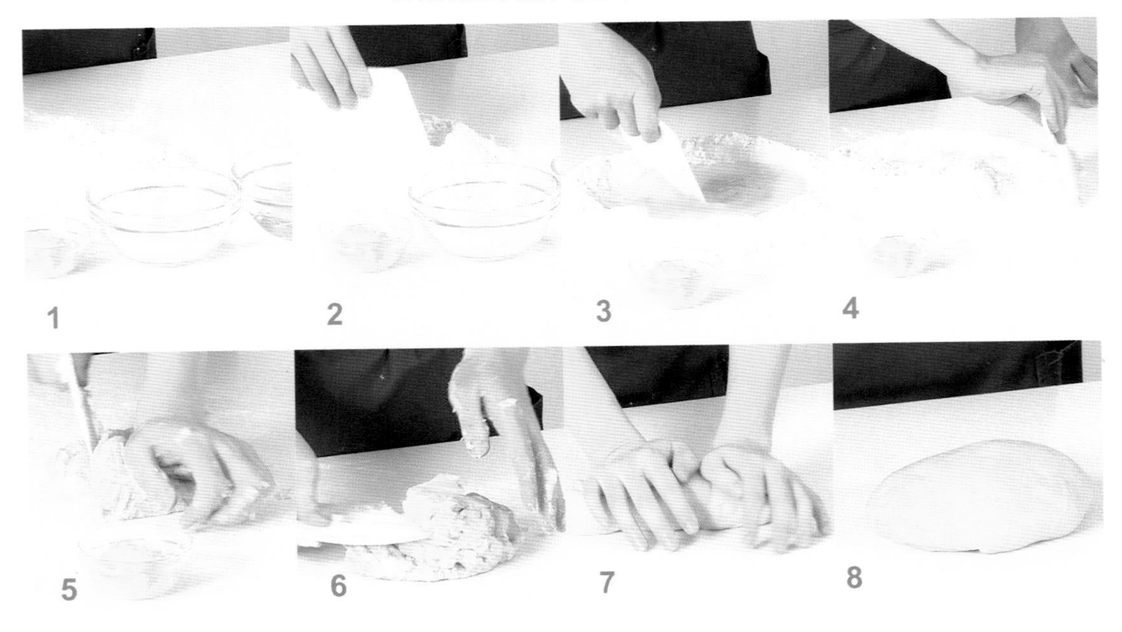

丹麦面团的制作

高筋面粉 170 克，低筋面粉 30 克，黄油 20 克，鸡蛋 40 克，片状酥油 70 克，
清水 80 毫升，细砂糖 50 克，酵母 4 克，奶粉 20 克

制作过程：

1. 将高筋面粉、低筋面粉、奶粉、酵母搅拌均匀。
2. 在中间掏一个窝，倒入细砂糖、鸡蛋，将其拌匀。
3. 倒入清水，将内侧的粉类跟水搅拌匀。
4. 倒入黄油，边翻搅边按压，制成光滑的面团。
5. 将面团擀制成长形面片，放入片状酥油。
6. 将面片覆盖，封紧四周，擀至酥油分散均匀。
7. 将擀好的面片叠成三层，放入冰箱冰冻 10 分钟。
8. 拿出面皮继续擀薄后冰冻，反复 3 次再擀薄。
再将其切成大小一致的 4 等份，装盘即可。

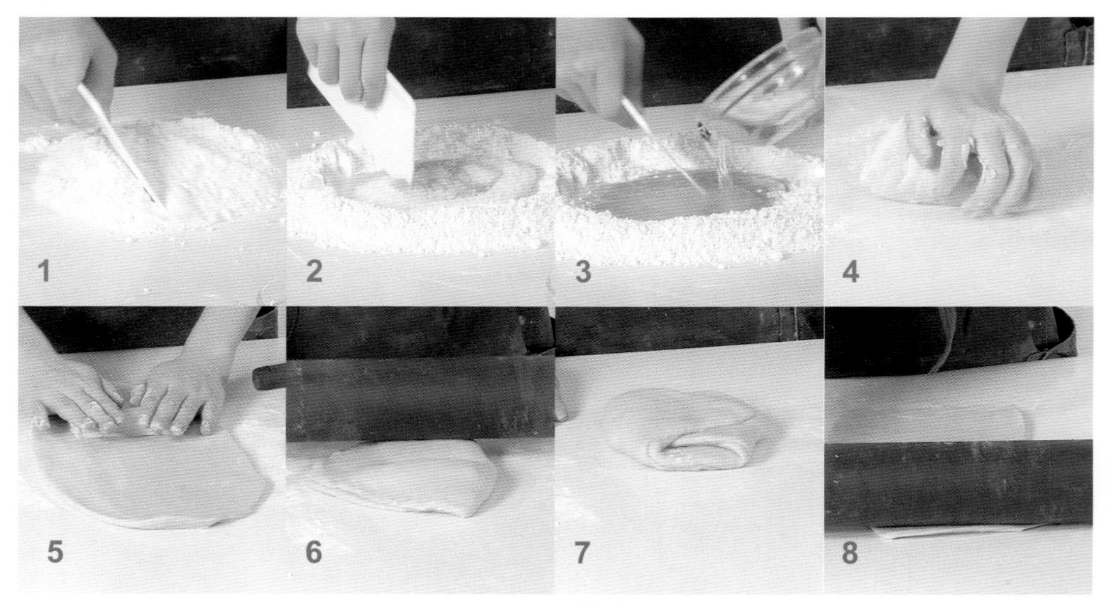

蛋糕坯的制作

蛋糕坯 A：蛋清 6 个，柠檬汁 2.5 克，细砂糖 50 克
蛋糕坯 B：淀粉 15 克，低筋面粉 65 克，色拉油 50 毫升，水 50 毫升，细砂糖 10 克，蛋黄 6 个

制作过程：

1. 把蛋糕坯 B 原料中的淀粉、低筋面粉、色拉油、水、细砂糖、蛋黄倒进玻璃碗中，用搅拌器搅拌均匀。
2. 把蛋糕坯 A 的原料倒进玻璃碗中，用电动搅拌器打发。
3. 把 1 和 2 以翻拌的方式搅拌均匀成面糊。
4. 把面糊倒进垫有烘焙纸的烤盘中。
5. 把烤盘放进预热好的烤箱，以上火 190℃、下火 160℃烘烤约 16 分钟。
6. 把蛋糕坯用模具抠出圆形或裁成方形即可。

后记

我的烘焙心得

烘焙是一件令人心情愉悦的事情。

虽然工具较多，不过操作起来，并不难。

只要按照书中的步骤来，第一次就能烘焙出美味又可口的食物。

因为，烘焙可以量化。什么材料需要加多少，烤箱温度需要多高，烘烤时间需要多长，都有严格的标准。只要一切按标准来，就不会出错，就能成功。

食物在没进烤箱之前，都是你可以控制的；食物进烤箱之后，你只需要等待就好。

刚开始，你也许会有一些焦虑感，但慢慢地，你烘焙次数多了，你成功的次数多了，这种焦虑感就会随之消失，取而代之的是一种喜悦感。

不同的烘焙食物，所用的原料不同；同样的烘焙食物，大小不同。这样，所需的烘烤时间可能不一样，但是，有一样是相同的：那就是细心。

无论是材料称重，奶油打起泡发，制作蛋白霜，搅拌面糊，过筛面粉，还是切割定形，放入烤箱，取出裱花等，无一不需要细心。可以说，细心贯穿整个烘焙的始终，就像糖葫芦中的那根竹签，不可或缺。

吃烘焙的人，更多的是喜欢成品的口感；而做烘焙的人，更多的是喜欢制作过程中的手感。

烘焙的成就感，虽在烘焙出炉之后，而烘焙的乐趣，却在烘焙的制作过程之中。

烘焙的乐趣，很大一部分来源于制作烘焙的工具。不同工具的使用和同种工具不同的使用方法，使得在烘焙制作的过程中趣味无穷。这种趣味，你可以亲身感受，但却难以言传。

烘焙的模具有很多，初学者买常用的就行，以免因模具过多产生恐惧，以至于做得反而少了。

如果可以的话，你最好能做一些笔记，把以前不会做的记下来，还有一些想法。这样，你在烘焙的路上能更容易进步，能更快成长！